responsibility

責任的重量

當責是企業菁英的態度
負責是永不過時的素養

蔡賢隆，趙玉　著

責任是一種生存的法則。
無論人類還是動物，依據這個法則，才能夠存活。
這本書獻給對工作失去熱情，而感到無力的你——

目錄

第五章　勤奮是責任意識的體現

第六章　自動自發地負起責任

序言

一家公司的人力資源部主管面試應聘者時。除了專業知識方面的問題之外，還有一道在很多應聘者看來似乎是小孩子都能回答的問題。

題目是這樣的：在你面前有兩種選擇，第一種選擇是，擔兩擔水上山給山上的樹澆水，你有這個能力完成，但會很費力；還有一種選擇是，擔一擔水上山，你會輕鬆自如，而且你還會有時間回家睡一覺，你會選擇哪一個？

很多人都選擇了第二種。

有一個年輕人卻選了第一種做法，當人力資源部主管問他原因時，他說：「擔兩擔水雖然很辛苦，但這是我能做到的，既然是能做到的事為什麼不去做呢？何況，讓樹苗多喝一些水，它們就會長得很好，為什麼不這麼做呢？」

最後，這個年輕人被留了下來，而專業知識及自身能力比他強的人，卻都沒有通過這次面試。

那家公司的人力資源部主管解釋：「一個人有能力或者透過一些努力就有能力承擔兩份責任，但他卻不願意這麼做，而只選擇承擔一份責任，因為這樣可以不必努力，而且很輕鬆。這樣的人，我們認為他是一個責任感較差的人。」那個被留下的年輕人並不是所有應聘者中能力最強的，他卻被留下了，因為他比別人更具有責任感！

所以說，責任比能力更重要！然而，讓我們感到遺憾的是，在現實生活以及工作中，責任經常被忽視，人們總是片面地強調能力。

人生就像一場沒有里程的馬拉松比賽，每個人都是賽場上的運動員。在比賽中不僅要看你是否有速度，更要看你是否有耐力。只有具有強烈的責任感和使命感的人才會在賽場上勝出，也只有對自己負責，對所做的每一件事負責，你才會得到別人的認可。

有個偉人說過，假如你非常熱愛你的工作，那麼你的生活就是天堂；假如你非常討厭你的工作，那麼你的生活就是地獄。在每個人的生活當中，有大部分的時間是和工作連繫在一起的，放棄了自己應負的責任，就是背棄了對自己所負使命的忠誠和信守。責任就是對自己工作出色的完成，就是忘我的堅守，就是對人性的昇華。

在社會上，公司在用人時，既要考察員工的能力，又要注重員工的個人特質，而責任感是員工特質的關鍵點。一個有能力的員工是很難得的，一個負責任的員工也是很難得的，而一個既有能力又很負責任的員工則更是難得的。負責任的員工，無論他的能力大小，老闆都會給予重用，因為他們會盡自己的所能完成自己的工作。而能力再強的人，如果沒有負責任的精神，那麼他也無法給公司帶來多大的效益。

負責任表面上是有益於公司，但仔細分析起來，最終的受益者還是自己，因為在公司受益的同時，你也在物質和經驗上得到了提高和充實。當負責任成為一種習慣時，我們也同時在分享著成功的快樂。

事實證明，責任能夠使一個人真正地明白人生與工作的意義所在，責任能夠指明一個人應該努力的方向。有責任感的人絕不會只為薪水和金錢而工作，責任會使他明白，為自己去工作、為公司去工作、為自己心目中的理想和使命工作，人生才會變得更加充實而有意義。

本書將從員工的角度出發，著重於責任是一種使命、責任是永不過時的素養、責任比能力更重要、責任體現忠誠的價值、做一個勤奮的人、自動自發地執行、責任不相信任何藉口、竭盡全力地工作、超越自己：從優秀走向卓越等九個方面進行展開。

本書將告訴你，責任在你的工作中所占的地位無比重要，可以說，責任感比能力等等各方面因素都要重要，只有你負責任，你才會全力以赴地工作，才可以把工作做好。如果你缺乏責任感，那麼就是你再有才能，你也將是一事無成。

第一章　責任是一種使命

責任，是一種與生俱來的使命，它伴隨著每一個生命的始終。只有那些能夠勇於承擔責任的人，才有可能被賦予更多的使命，才有資格獲得更大的榮譽。一個缺乏責任感的人，或者一個不負責任的人，將失去的是社會對自己的基本認可，失去了別人對自己的信任與尊重，而且也將失去了自身的立命之本——信譽和尊嚴。

一、責任代表著榮譽

努力工作，忠誠於公司，在捍衛公司榮譽的同時，也樹立了你自己的榮譽。你會受到人們的尊敬，人們會把最高的榮譽給你。這裡有一個關於種花人的故事，它正說明了這個道理。

從前有一個人，生下來就雙眼失明，為了生存，他繼承了父親的職業 —— 種花。他從來沒有看到花是什麼樣子。別人說花是嬌美而芬芳的，他有空時就用手指尖觸摸花朵、感受花朵，或者用鼻尖去嗅花香。他用心靈去感受花朵，用心靈描繪出花的美麗。

他對花的熱愛超越所有人，每天都定時給花澆水，拔草除蟲。在下雨的時候，他寧可淋雨，也要給花撐把傘；炎熱的夏天，他寧可晒著，也要給花遮陽光；颳風時，他寧可頂著狂風，也要用身體為花遮擋……

不就是花嗎，值得這麼呵護嗎？不就是種花嗎，值得那麼投入嗎？很多人甚至認為他是個瘋子，「我是一個種花的人，我得全身心投入到種花中，這是種花人的榮譽！」他對不解的人解釋說。正因為他為了榮譽而種花，他的花比其他花農的花都開得好，更受人歡迎。

這句質樸的話卻不是一般人能夠發自內心說出來的，你能不能由衷地說出：「我是員工啊，我得全身心投入到工作中，這是員工的榮譽」呢？

商場如戰場，公司就如同部隊。要在商場上取得勝利，要讓公司生存下去，就需要每一個員工來捍衛公司的榮譽。

為榮譽而工作，當然不是叫你去打去殺。只有最優秀的公司，才有存在的價值；只有服務於社會，才會獲得社會給予的榮譽。榮譽來自忠誠，為榮譽而工作，就是在平凡的工作職位上做出最出色的成績，讓公司優秀起來，讓公司更好地為社會服務。

為榮譽而工作，就是主動爭取做得更多，承擔更多的責任。為榮譽而工作，就是自動自發，最完美地履行你的責任，讓努力成為一種習慣。

責任是一種精神，責任就是榮譽。責任來自於對集體的珍惜和熱愛，來自於對集體每個成員的負責，來自於自我的一種肯定，來自於對自身不斷超越的渴求——責任是人性的昇華。

榮譽來自責任，當一個人聽從內心中職責的召喚並付諸行動時，才會發揮出他自己最大的效率，而且也能更迅速、更容易地獲得成功。

只要你能時刻把職責視為一種天賦的使命，時刻在工作中盡心盡責，你就能在工作中忘記辛勞，得到歡愉，就能獲得公司回報的最高榮譽。

二、一種與生俱來的使命

愛默生（Ralph Waldo Emerson）說：「責任具有至高無上的價值，它是一種偉大的品格，在所有價值中它處於最高的位置。」科爾頓（Charles Caleb Colton）說：「人生中只有一種追求，一種至高無上的追求 —— 就是對責任的追求。」

無論你所從事的是什麼樣的職業，只要你能認真地、勇敢地擔負起責任，你所做的就是有價值的，你就會獲得別人的尊重和敬意。有的責任擔當起來很難，有的卻很容易，無論難還是易，不在於工作的類別，而在於做事的人。只要你想、你願意，你就會做得很好。

在這個世界上，每一個人都扮演著不同的角色，每一種角色又都承擔著不同的責任，從某種程度上說，對角色飾演的最大成功就是對責任的完成。正是責任，讓我們在困難時能夠堅持，讓我們在成功時保持冷靜，讓我們在絕望時懂得不放棄，因為我們的努力和堅持不僅僅是為了自己，還為了別人。

一九六八年墨西哥奧運比賽中，最後跑完馬拉松賽跑的一位選手，是來自非洲坦尚尼亞的約翰．亞卡威（John Stephen Akhwari）。他在賽跑中不慎跌倒了，拖著摔傷且流血的腿，一拐一拐地跑著。所有選手都跑完全程很久後，直到當晚七點半，約翰才一個人跑到終點。這時看台上只剩下不到一千名觀眾，當他跑完全程的時候，全體觀眾起立為他掌聲歡呼。之後有人問他：「為何你不放棄比賽呢？」他回答道：「國家派我從非洲繞行了三千多公里來此參加比賽，不是僅為起跑而已 —— 乃是要完成整個賽程！」

是的，他肩負著國家賦予的責任來參加比賽，雖然拿不到冠軍，但是強烈的使命感使他不允許自己當逃兵。

社會學家大衛（David Riesman）說：「放棄了自己對社會

的責任，就意味著放棄了自身在這個社會中更好生存的機會。」放棄承擔責任，或者蔑視自身的責任，這就等於在可以自由通行的路上自設路障，摔跤絆倒的也只有自己。

責任就是對自己所負使命的忠誠和信守，責任就是對自己工作出色的完成，責任就是忘我的堅守，責任就是人性的昇華。實際上，當一個人懷著宗教般的虔誠去對待生活和工作時，他是能夠感受到責任所帶來的力量的。

古希臘雕刻家菲迪亞斯（Pheidias）被委任雕刻一座雕像，當菲迪亞斯完成雕像後要求支付薪酬時，雅典市的會計官卻以無人看見菲迪亞斯的工作過程為由拒絕支付薪水。菲迪亞斯反駁說：「你錯了，上帝看見了！上帝在把這項工作委派給我的時候，他就一直在旁邊注視著我的靈魂！他知道我是如何一點一滴地完成這座雕像的。」

每個人心中都有一個上帝，菲迪亞斯相信自己的努力上帝看見了，同時他堅信自己的雕像是一件完美的作品。事實證明了菲迪亞斯的偉大，這座雕像在兩千四百年後的今天，仍然佇立在神殿的屋頂上，成為受人敬仰的藝術傑作。

雕刻雕像是神賦予菲迪亞斯的偉大使命，他不僅出色地完成了這個使命，而且還把使命的意義向人們傳達出來。

還有一個故事，也在告訴著我們，責任賦予我們的使命是何其的偉大。

在斯特拉特福子爵（Stratford Canning）為克里米亞戰爭舉辦的晚宴上，人們辦了一場遊戲，軍官們被要求在各自的紙上祕密地寫下一個人的名字，這個人要與那場戰爭有關，並且認為此人是這場戰爭中最有可能流芳百世的人。結果每張紙上都寫著同一個名字：「南丁格爾」。她是那場戰爭中贏得最高名聲的婦女。下面是關於南丁格爾（Florence Nightingale）的故事：

南丁格爾帶著護士小分隊來到了這裡，在幾個小時內，成百上千的傷患從巴拉克拉瓦戰役上被運了回來，而南丁格爾的任務就是要在這痛苦嘈雜的環境中，把事情處理得井井有條。不一會兒，又有更多的傷患從印克曼戰場上被運了回來。什麼事情也沒有準備好，一切都需要從頭安排。而當各種事務都在有序地進行時，她自己就又會去處理其他更危險、更嚴重的事情。在她負責的第一個星期，有時她要連續站立二十多個小時來分派任務。

一個士兵說：「她和一個又一個的傷患說話，向更多的傷患點頭微笑，我們每個人都可以看著她落在地面上的那親切的影子，然後滿意地將自己的腦袋放回到枕頭上安睡。」另外一個士兵說：「在她到來之前，那裡總是一團亂，但在她來過之後，那裡聖潔得如同一座教堂。」

「南丁格爾的感覺系統非常敏銳。」一位和她一起工作過的外科醫生說：「我曾經和她一起做過很多非常重大的手術，她可以在做事的過程中把事情做到非常準確的程度……特別是救護一個垂死的重傷患，我們常常可以看見她穿著制服出現在那個傷患面前，俯下身子凝視著他，用盡她全部的力量，使用各種方法來減輕他的疼痛。」

南丁格爾被譽為「護理學之母」，她創立的現代護理學，使護理工作成為婦女一種受尊敬的正式社會職業。她的故事告訴我們，一個人來到世上並不是為了享受，而是為了完成自己的使命。正是在她所熱愛的護理工作的強烈使命感所驅使下，在短短三個月的時間內，她使傷患的死亡率從百分之四十二迅速下降到百分之二，創造了當時的奇蹟。

所以說，責任就是做好你被賦予的任何有意義的事情。

三、責任的力量無比強大

這是一個有關於大象的故事，儘管牠們只是動物，但卻和人一樣，也懂得責任。雖然和人相比，大象的責任似乎更多了幾分悲憫。

在非洲大草原上，生活著一群大象。這些大象相依為命，別看牠們身形巨大，但是牠們的生存能力並不像牠們的身形一樣強大。

有一年夏天，雨很少，而大象需要的水卻特別多。牠們生活的地方已經沒有多少水了，牠們必須找到新的水源。這一群大象開始流浪，因為牠們也不知道哪個地方水更多。

在他們尋找水源的時候，一頭母象產下了一隻小象。整個大象群都很開心，牠們不時地用鼻子發出喜悅的聲音。但是，母象卻很擔心，因為她擔心小象支撐不到找到水的那一天。非洲的夏天熱得不得了，大象們無精打采地走啊走著，牠們已經沒有多少力氣了。

很多大象已經慢慢地倒下了，還有一些大象趁著自己還沒倒下，就悄悄地離開了，因為牠們不忍心讓別的大象看到自己死去的樣子，就獨自離群了。

這些大象找到水，就讓小象喝，因為小象比牠們更虛弱。但是，每一次的水都太少了，小象沒喝幾口，水就沒了，所以很多大象一直都沒有水喝。

大象群裡的大象越來越少了，但是剩下的大象並沒有放棄，一旦找到充足的水源，牠們就得救了，為了小象，為了彼此的夥伴。

堅守責任能夠使動物的世界生生不息，對人來說，承擔責任，則是守住生命最高的價值。

將責任感深植於內心，讓它成為我們腦海中一種強烈的意識，在日常行為和工作中，這種責任意識會讓我們表現得更加卓越。

一位著名的企業家說：「當我們的公司遭遇到前所未有的危機時，我突然不知道什麼叫害怕了，我知道必須依靠我的智慧和勇氣去戰勝它，因為在我的身後還有那麼多人，可能就因為我，他們從此倒下。我不能讓他們倒下，這是我的責任。所以我在最艱難的時候，才變得異常的勇敢。當我們走出困境的時候，我對自己的勇敢難以置信，我能這麼勇敢嗎？是的，那一次遭遇讓我真正明白了，唯有責任，才會讓你超越自身的懦弱，真正勇敢起來。」

責任能夠讓人戰勝懦弱和恐懼，戰勝死亡的威脅，因為在責任面前，人們變得勇敢而堅強。

有一個民間登山隊，他們要對世界第一高峰——聖母峰發起進攻。雖然人類攀登珠峰已經不只一次了，但這是他們第一次攀登世界最高峰。隊員們既激動又信心十足，他們有決心征服聖母峰。

經過考察後，他們選擇自己狀態良好、天氣也很好的一天出發了。攀登一直很順利，隊員們彼此互相照應，沒有出現任何問題，高原缺氧的情況也基本能夠適應，在預定時間，他們到達了一號營地。大家都很高興，因為有了一個良好的開始，就等於成功了一半。

第二天，天氣突然發生了變化，風很大，還下著雪。登山隊長徵求大家的意見，要不要回去，因為要確保大家的生命安全。登山還有機會，生命卻只有一次。但是大家都建議繼續攀登，登山本來就是對生命極限的一種挑戰。

於是，登山隊繼續向上攀登。儘管環境很惡劣，但是隊員們征服自然、征服聖母峰的信心卻十足，大家小心翼翼地向上攀登。「隊長，你看！」一個隊員大喊，大家循聲望去，在離他們很遠的地方發生了雪崩。雖然很遠，但雪崩的巨大衝擊力波及到了登山隊，一名隊員突然滑向另一邊的山崖，還好，在快落下山崖的那一刻，他把冰錐緊緊地插進了雪層裡，他沒有滑落下去。但他隨時有可能被雪崩的衝擊力推下去。

形勢嚴峻，如果其他隊員來營救山崖邊的隊員，有可能雪崩的衝擊力會將別的隊員衝下山崖。如果不救，這名隊員將在生死邊緣徘徊。

隊長說：「還是我來吧，我有經驗，你們幫我。大家把冰錐都死死地插進雪層裡，然後用繩子綁住我。」「這很危險，隊長。」隊員們說。

「已經沒有猶豫的時間了，快！」隊長下了命令。大家迅速動起手來，隊長繫著繩子滑向懸崖邊，他死命地拉住了抱著冰錐的隊員，其他隊員使勁把他倆往上拉。就在下一輪雪崩衝擊到來之前，隊長救出了這名隊員。

全隊情緒激昂，經過了生死的考驗，大家變得更堅強了。

最終，登山隊征服了聖母峰。站在山峰上，他們把隊旗插在山峰的那一刻，也把他們的榮譽和責任留在了世界上最純淨的地方。

後來，隊長說：「當時我也非常恐懼，隨時可能屍骨無存，但我知道，我有責任去救他，我必須這麼做。責任的力量太大了，它戰勝了死亡和恐懼。真的。」

責任不僅讓人勇敢，責任還能戰勝死亡和恐懼。面對責任，我們無從逃避，只有勇敢地迎上前去。能夠這樣挑戰生命及困難的人，他就是一個堅強的人。

四、「不能失敗」是一種責任

倘若公司員工將「你絕對不能失敗！」當作一件壓得他們喘不過氣來的沉重包袱，不是他們尚未認識到失敗的後果和嚴重性，就是他們將勝利看成是董事會、股東和管理者的事，似乎與他們無關，他們僅是賺取應得的薪水而已。

由此說明了兩個問題：一是，這些員工未把自己的命運與公司緊密相連，欠缺公司榮譽感，把工作僅當作是一種謀生的手段，而非使命必達的任務；二是，管理者未向員工清晰地描繪公司成功的未來，也未讓他們感受到成功帶給他們的好處，從而使他們與公司若即若離，既無榮譽感，又無責任心。

然而，每個美國海軍陸戰隊員都把「我絕對不能失敗！」看成是一種承諾，一種責任，一種對自己、對隊員、對上級軍官、對整個國家的誓言。他們把自己的榮辱與國家相連，視國家利益和榮譽為最高行動準則，不允許自己或其他隊員做出有損集體榮譽的事。他們一心專注在如何獲勝上，並與隊員一起找出最佳的獲勝方法。

正如美國海軍陸戰隊司令查理斯．克魯賴克所言：「我們對美國人民的最重要責任是，為國家的戰役求勝，我們必須隨時預備在接獲通知後，立即趕赴任何地方，對付任何敵人，奮戰致勝！」可以想像，如果公司中每個員工隨時做好準備，為公司的勝利和成功奮戰，那麼，這樣的公司是堅韌、強大而令競爭對手恐懼、害怕的。

微軟公司就是這樣一支可怕的團隊，他們在市場上縱橫馳騁，所向披靡，所到之處總是令對手惶恐不安，每次出手都獲得勝利，每個戰役都以「不大獲全勝，絕不收兵」的壓倒態勢，將勝利的戰局一次次扳向自己，從而成就了一個軟體帝國的霸業。一方面，體現了比爾蓋茲（Bill Gates）的雄心、遠見和魄力；另一方面，說明比爾蓋茲及其率領的微軟團隊中的每個成員都對勝利有著極度渴望，並堅持不懈去爭取勝利。

雖然微軟有「容人文化」，切莫忘了比爾蓋茲還有一句時時敲響在微軟員工頭上的警鐘：「微軟離倒閉僅差十八個月。」顯然，比爾蓋茲並非偏執到無視風險，無視失敗，他在正視失敗的同時，鄭重地告誡每名員工：不要驕傲自滿，不要大意輕敵，不要躺在功勞簿上沾沾自喜，風險隨時會撲向微軟，失敗可能從背後擊倒微軟，要盡一切可能避免失敗，要時時想著勝利、再勝利！微軟的每個員工很清楚，勝利意味著什麼？勝利意味著榮譽、獎賞和作為微軟一分子的驕傲；失敗則意味著訂單流失、客戶背離而去、市場占有率減小、利潤下滑、降薪、裁員、手中持有的股票縮水、搬出漂亮舒適的辦公大樓，公司關門倒閉……每個員工都知道，公司的勝利，就是他們自己的勝利，他們是在為自己努力，對自己負責。因此，他們團結向上，積極進取，盡最大可能保持不敗的戰績。「你絕對不能失敗！」對他們而言，絕不是包袱，而是責任！這就是微軟成功的祕密所在！

曾經有一則報導稱：一位名叫芭芭拉的舞蹈演員遭遇了一起可怕的「醫療事故」。三年前，她在一家醫院做胸腔手術時，粗心的醫生竟然誤將手術刀的刀頭留在其胸部。幾乎在同一時間，又有一則消息披露：費城一位懷疑得了肺癌的患者在進行手術時，意外地發現，鴨蛋大小的肺部陰影不是腫瘤，而是遺留在其胸腔內四十年的一塊紗布。此類讓人啼笑皆非的醫療事故並不少見，且時有耳聞。很顯然，這些醫療事故並非醫術低下所致，而是工作人員粗心大意，馬馬虎虎，缺乏應有的責任感和職業素養所致。

據一份報告顯示：目前東南亞一些國家每年因整容手術，平均發生毀容事故約二萬多起，美容醫療糾紛近二十萬件。整形手術後器官變形、肌肉感染、傷口不癒、皮膚潰爛和由於手術失敗造成容貌毀損、解剖缺損、生理功能障礙而死亡的醫療事故時常發生。看著一個個觸目驚心的數字，聽著一起起聳人聽聞的事件，能不令人感到震驚擔憂嗎？

我們不禁要問，這些醫生的職業道德和職業操守到哪去了？工作責任感和敬業精神又到哪去了？他們本是治病救人的白衣天使，卻演變為魔鬼的幫兇！他們是否在黑夜裡懺悔過自己的良心？是否自責過自己的過失？是否警示過自己不能再出錯？是否告誡過自己「我絕對不能失敗」？

醫生的責任感關乎一個人的生死存亡，如果他不能時刻提醒自己「我絕對不能失敗」，將會置多少人的生命於危險中！員工的責任感關乎一個公司的興衰成敗，如果他把「你絕對不能失敗」當成是耳邊風，一件很簡單的工作也會搞砸，一份馬上到手的訂單也會丟掉，一位重要的客戶也會被氣跑。顯然，這都是些既無專業精神，又無責任感的人。無論何種組織或公司，錯誤地使用了這些人，無異於引火焚身。

他們給公司帶來的不是動力而是阻力，不是利潤而是災難。想必除了那些對公司抱有惡意的員工，沒有誰會不希望公司成功，而盼望它失敗的吧。遺憾的是，許多員工的確希望公司成功，但卻不願為此付出真正的努力。就像拔河比賽一樣，他們只是在一邊高喊著「加油！加油！」，自己卻不出力；或用了九牛二虎之力，但用的全是反力，幫的是倒忙。這同樣可怕和危險！

傑克 · 威爾許（Jack Welch）曾把公司員工分為以下四種人：第一種人，能達到績效指標，並符合公司價值觀，對這種人要給予升遷、重用；第二種人，不能達到績效，但符合公司價值觀，應把他們放在不同的環境，再給他們一次機會；第三種人，既不能達到績效，又不符合公司價值觀，對待這種人只有一個辦法，就是請他們立刻走人；第四種人，能達到績效指標，但是他們的價值觀與公司的價值觀不相吻合，這種人會殺死一家公司。

可悲的是，一些公司並未發現其危害性，卻接受了這樣的員工，甚至將其安排到經理職位，結果很可能造成該公司價值觀的崩潰。

海軍陸戰隊員無論到哪裡，無論相識與否，彼此很快就能相互信任，並協同作戰。這是因為他們有共同的價值觀，就是捍衛國家利益，維護國家榮譽，為國家的戰役求勝，並有相同的經歷，都經歷過嚴酷的「歸零」訓練和戰爭磨練，都對「你絕對不能失敗！」深信不疑，並將其作為一種不可更改的誓言印刻在腦中。

海軍陸戰隊用一種極為獨特的方式提醒成員對他們自己及海軍陸戰隊的責任。他們要求所有成員必須隨身攜帶一張「核心價值卡」。

該卡以簡短文字摘要了身為全世界最精英戰力成員的重要責任，卡的正面寫有新兵訓練營中教導的重要觀念，如：榮譽、勇氣、信諾和正直；背面則是每位陸戰隊員必須遵守的八條行為準則。這並不是在作秀，而是一種持續不斷的強化，是從心智、態度、行為到習慣的強化和滲透，是讓每個陸戰隊員一直保持良好戰績的一種有效手段。海軍陸戰隊絕不對任何可能性掉以輕心，儘管每個隊員都受過極為嚴格的軍事訓練和上百小時的倫理、道德訓練，若不持續強化，這些訓練就可能遺忘、生疏。

因此，每隔一段時間所有隊員都要參加體能測驗，而倫理、道德教育持續在整個軍旅生涯中。海軍陸戰隊的這一做法完全適用於現代公司。

假若企業管理者不僅僅是在新人入職時灌輸企業文化、公司倫理和職業道德，而是在員工任職期間不斷強化這種意識，使之深入人心，讓每個員工從內到外，真切感受和體悟到公司的核心價值，並在言行舉止上加以體現，在工作態度上加以反映，所達到的效果是完全不一樣的。時常聽到一些員工抱怨：「我們公司根本沒有什麼公司文化……」、「大家都是各做各的……」難道這些公司真的沒有企業文化？或許是他們並不瞭解企業文化，或許是管理者未將企業文化強化、滲透於每個員工心中，以至於他們感覺不到其存在，故而迷茫、無所適從。無論如何，在這樣的公司，員工很難理解「你絕對不能失敗！」背後包含的寓意，也不明白此話的分量有多重，更難以責任的心去履行「我絕對不能失敗！」的承諾。飛利浦公司為了提高市場競爭力，向全球員工推行「四個價值觀」—— 對顧客好、做到自己承諾的事、信任同事、栽培後輩。

飛利浦人力資源中心副總經理林南宏介紹：「推行這四個核心價值，就是為了使員工養成良好的工作態度，影響他們的行為和習慣，進而為公司創造價值，做出貢獻。」我們都知道，行為是受心態和思想所影響，而工作心態和思想意識又與企業文化、公司倫理和職業道德有著極為密切的關係。如果一家公司大力宣導「致勝文化」，營造一種勝利和成功的氛圍，不斷培養員工的競爭意識和鬥士心態，不厭其煩地向他們訓導：「你絕對不能失敗！」可以想見，全體員工均會將勝利看成是人人必須做到的事，並以飽滿的熱情全身心投入戰鬥，用行動來證明自我的價值，用行動來贏得獎賞和他人的尊重。有這樣一句話：「一個一心想著成功，一心向著勝利前進的人，整個世界都會給他讓路。」毋庸置疑，如果一個組織、一支團隊、一家公司中的每個成員都專注於公司成功這一大目標，甘願為公司奉獻，並以公司獲勝為至高榮譽，那麼，其散發出來的能量一定極其可怕！

五、為自己的夢想而工作

有個老木匠準備退休回家安享天年，老闆問他是否可以幫忙再建一棟房子，老木匠答應了。但木匠此時的心已不在工作上了，對於用料也不那麼嚴格，做出的成品當然也全無往日的水準。總之，他的敬業精神已不復存在。

等老木匠建好了房子之後，老闆並沒有說什麼，只是把鑰匙交給了老木匠。「這是我送給你的房子，」老闆說，「感謝你這麼多年來為我如此盡心的工作。」

老木匠一生中蓋了多少好房子，最後卻為自己建了這樣座粗製濫造的房子。

這個故事生動地說明了，你所做的努力並不完全是為了老闆，你歸根結底是為自己而工作。

大多數人並沒有意識到自己在為他人工作的同時，也是在為自己工作——你不僅為自己賺到養家糊口的薪水，還為自己累積了工作經驗，工作帶給你遠遠超過薪水以外的東西。從某種意義上來說，工作真正是為了自己。

時下，有很多人對待自己的工作敷衍了事：「我不過是在為老闆工作。」這種想法頗具代表性，在他們看來，工作只是一種簡單的僱傭關係，做多做少，做好做壞對自己都無所謂。這種想法真是大錯特錯，如果你只把工作當成一種養家糊口的手段，那麼你一輩子也只能成為工作的奴隸，只有時刻站在事業的高度對待你目前的工作，並把它當成事業的起點，你才能真正走上成功之路。

十五歲那年，齊瓦勒（Charles M. Schwab）家中一貧如洗，只受過短暫學校教育的他到一個山村做了馬夫，然而齊瓦勒並沒有自暴自棄，無時無刻都在尋找著發展的機遇。三年後，齊瓦勒來到鋼鐵大王卡內基（Andrew Carnegie）所屬的一個建築工地工作。一踏進建築工地，齊瓦勒就下定決心要成為同事中最優秀的人。當其他人在抱怨工作辛苦、薪水低而怠工的時候，齊瓦勒卻默默地累積著工作經驗，並自學建築知識。

一天晚上，同伴們在閒聊，唯獨齊瓦勒躲在角落裡看書。那天恰巧公司經理到工地檢查工作，經理看了看齊瓦勒手中的書，又翻開他的筆記本，什麼也沒說就走了。第二天，經理把齊瓦勒叫到辦公室，問：「你學那些東西幹什麼？」齊瓦勒說：「我想我們公司並不缺基層員工，缺少的是既有工作經驗又有專業知識的技術人員或管理者，對嗎？」經理點了點頭。

不久，齊瓦勒就被升任為技師。基層員工中，有些人諷刺挖苦齊瓦勒，他回答說：「我不光是在為老闆工作，更不單純為了賺錢，我是在為自己的夢想工作，為自己的遠大前途工作。我們只能在業績中提升自己。我要使我工作所產生的價值，遠遠超過所得的薪水，只有這樣我才能得到重用，才能獲得機遇！」抱著這樣的信念，齊瓦勒一步步升到了總工程師的職位。二十五歲那年，齊瓦勒成為了這家建築公司的總經理。

卡內基的鋼鐵公司有一個天才的工程師兼合夥人鐘斯，在籌建公司最大的布拉德鋼鐵廠時，他發現了齊瓦勒超越一般人的工作熱情和管理才能。當時身為總經理的齊瓦勒，每天都是最早來到建築工地，當鐘斯問齊瓦勒為什麼總來這麼早的時候，他回答說：「只有這樣，當有什麼急事的時候，才不至於被耽擱。」工廠建好後，鐘斯推薦齊瓦勒做了自己的副手，主管全廠事務。

兩年後，鐘斯在一次事故中喪生，齊瓦勒便接任了廠長一職。因為齊瓦勒的天才管理藝術及工作態度，布拉德鋼鐵廠成了卡內基鋼鐵公司的靈魂。因為有了這個工廠，卡內基才敢說：「什麼時候我想占領市場，市場就是我的。因為我能造出又便宜又好的鋼材。」幾年後，齊瓦勒被卡內基任命為鋼鐵公司的董事長。

齊瓦勒擔任董事長的第七年，當時控制著美國鐵路命脈的大財閥摩根（John Pierpont Morgan），提出與卡內基聯合經營鋼鐵。開始的時候卡內基沒理會，於是摩根放出風聲，說如果卡內基拒絕，他就找當時居美國鋼鐵業第二位的貝斯列赫姆鋼鐵公司聯合。這下卡內基慌了，他知道貝斯列赫姆若與摩根聯合，就會對自己的發展構成威脅。

一天，卡內基遞給齊瓦勒一份清單說：「按上面的條件，你去與摩根談聯合的事宜。」齊瓦勒接過來看了看，對摩根和貝斯列赫姆公司的情況瞭若指掌的他微笑著對卡內基說：「你有最後的決定權，但我想告訴你，按這些條件去談，摩根肯定樂於接受，但你將損失一大筆錢。看來你對這件事沒有我調查得詳細。」經過分析，卡內基承認自己高估了摩根。

卡內基全權委託齊瓦勒與摩根談判，取得了對卡內基有絕對優勢的聯合條件。摩根感到自己吃了虧，就對齊瓦勒說：「既然這樣，那就請卡內基明天到我的辦公室來簽字吧。」齊瓦勒第二天一早就來到了摩根的辦公室，向他轉達了卡內基的話：「從第五十一號街到華爾街的距離，與從華爾街到第五十一號街的距離是一樣的。」摩根沉吟了半晌說：「那我過去好了！」摩根從未屈就到過別人的辦公室，但這次他遇到的是全身心投入的齊瓦勒，所以只好低下自己高傲的頭顱。

後來，齊瓦勒終於建立了大型的伯利恆鋼鐵公司，並創下非凡的成就，真正完成了從一個受雇者到創業者的飛躍。

以從事事業的態度來對待你工作中的每一件事，並把它當成使命，你就能發掘出自己特有的能力，即使是煩悶、枯燥的工作，你也能從中感受到價值，在完成使命的同時，你的工作也會真正變成一項事業。

據說一對老夫婦節衣縮食的將四個孩子撫養長大，在他們結婚五十週年之際，為了報答養育之恩，四個孩子決定送給父母最豪華的愛之船旅遊航程，好讓老倆口盡情徜徉於大海的旖旎風情之中。

老夫婦帶著頭等艙的船票登上豪華遊輪，可以容納數千人的大船令他們讚嘆不已。而船上更有游泳池、豪華夜總會、電影院、賭場、浴室等，真令他們目不暇接、驚喜萬分。

唯一美中不足的是，各項豪華設備的費用都十分昂貴，節省的老夫婦盤算著不多的旅費，實在捨不得輕易消費。他們只得在頭等艙中享受五星級的套房設備，或流連在甲板上，欣賞海面的風光。

幸好他們怕船上伙食不合胃口，隨身帶有一箱泡麵，既然吃不起船上豪華的精緻餐飲，只好以泡麵充飢，如想變換口味吃吃西餐，便到船上的商店買些西式麵包、牛奶果腹。

到了航程的最後一夜，丈夫想想，若回到家後，親友鄰居問起船上餐飲如何，而自己竟答不上來，也是說不過去的。和太太商量後，他索性狠下心來，決定在晚餐時間到船上的餐廳去用餐，反正也是最後一頓，揮霍一次又何妨。

在音樂及燭光的烘托下，歡度結婚紀念的老夫婦恍若回到初戀時的快樂。在舉杯暢飲的笑聲中，用餐時間已近尾聲，丈夫意猶未盡地招來侍者結帳。

侍者很有禮貌地問：「能不能讓我看一看您的船票？」

丈夫生氣地說：「我又不是偷渡上船的，吃頓飯還得看船票？」然後不情願地將船票扔到桌上。

侍者接過船票，拿出筆來，在船票背面的許多空格中，劃去一格。同時驚訝地問：「老先生，您上船以後，從未消費過嗎？」

老先生更是生氣：「我消不消費，關你什麼事？」

侍者耐心地解釋：「這是頭等艙的船票，航程中船上所有的消費項目，包括餐飲、夜總會以及賭場的籌碼，都已經包括在船票售價內，您每次消費，只需出示船票，由我們在背後空格註銷即可。老先生您……」

老夫婦想起航程中每天所吃的泡麵，而明天即將下船，不禁相對默然。

在你出生的那一刻，上天已經將最好的頭等艙船票交給了你。你可以在物質上、心靈上享有最豪華的禮遇，只要你願意出示你的船票。

千萬不要浪費了你的頭等艙船票，過著以泡麵充饑般的生活。你的工作就是上天賜予你的頭等艙船票，趁還沒有下船，你就好好享受一番工作的樂趣吧！

六、承擔責任意味著成功

每個老闆都很清楚自己最需要什麼樣的員工，哪怕你是一名做著最不起眼工作的普通員工，只要你擔當起了你的責任，你就是老闆最需要的員工。

經常有人說，「公民應該為國家承擔責任」、「公民應該為社會承擔責任」、「男人應該為家庭承擔責任」，但很少有人說「員工應該為公司承擔責任」，因為在這些人的眼裡，只有老闆才應該為公司承擔責任。是這樣的嗎？

社會學家大衛說：「自己放棄了對社會的責任，就意味著放棄了自身在這個社會中更好生存的機會。」 同樣，如果一個員工放棄了對公司的責任，也就放棄了在公司中獲得更好發展的機會。在這個世界上，每個人都扮演了不同的角色，每一種角色又都承擔了不同的責任，從某種程度上說，對角色的飾演就是對責任的完成。堅守責任就是堅守我們自己最根本的人生義務。作為公司的一名員工，在公司裡面也扮演了一個角色，理所當然要去承擔責任。

承擔責任不分大小，只論需要。無論是大的責任還是小的責任，你都應該承擔。一丁點的不負責，就可能使一個百萬富翁很快傾家蕩產；而一丁點的負責任，卻可能為一個公司挽回數以千計的損失。

一個負責過磅稱重的小職員，由於懷疑計量工具的準確性，自己動手修正了它。結果由於精確度提高了，公司就在這個方面減少了許多損失。其實修理計量工具並不是這個小職員的職責，他完全可以睜隻眼閉隻眼，因為這本屬於機械師的責任，而且無論這個秤準不準，都不會對他的薪水造成影響。但是這位小職員並沒有因此就不聞不問，聽之任之，本著為公司負責的態度，他積極地糾正了這一偏差。正是由於這個小職員的這種責任心，為公司節省了巨大的費用。

某公司一台運料汽車在廠區裡面漏了油，吃午餐的時候，幾百名員工路過那裡都看見了一大灘油跡。董事長張躍看到後火冒三丈，下令以這件事情作為公司的典型教材，召開全體管理人員會議來談這個問題。張躍認為這件事是管理人員的極大失職，他認為，如果哪一天發現在遠大的路面上有一攤油，或者有一攤泥土沒有人去打掃，而又恰巧被正在上下班的幾百名員工看見了，這將比遠大一台機器發生重大品質事故還要嚴重！因為這會給員工留下一種公司對品質要求不嚴的印象，就會在工作中造成懈怠，就可能會造成難以彌補的損失！為此全公司認真地作了反省。

一個沒有責任感的員工不會是一個優秀的員工。每個老闆都很清楚自己最需要什麼樣的員工，哪怕你是一名做著最不起眼工作的普通員工，只要你擔當起了你的責任，你就是老闆最需要的員工。只有那些承擔責任的人，才有可能被賦予更多的使命，才有資格獲得更大的榮譽。一個缺乏責任感的人，首先失去的是社會對自己的基本的認可，其次失去的是別人對自己的信任與尊重。人可以不偉大，可以清貧，但不可以沒有責任。要想成為一名優秀的員工，更應該去像老闆那樣承擔責任。

七、在工作中扛起責任

有人說，假如你非常熱愛工作，那你的生活就是天堂，假如你非常討厭工作，那你的生活就是地獄。因為在你的生活當中，有大部分的時間是和工作聯繫在一起的。不是工作需要人，而是任何一個人都需要工作。你對工作的態度決定了你對人生的態度，你在工作中的表現決定了你在人生中的表現，你在工作中的成就決定了你人生中的成就。所以，如果你不願意拿自己的人生開玩笑，那就在工作中勇敢地負起責任。

美國獨立公司聯盟主席傑克·法里斯曾對人說起少年時的一段經歷。

在傑克·法里斯十三歲時，他開始在他父母的加油站工作。那個加油站裡有三個加油泵、兩條修車地溝和一間打蠟房。法里斯想學修車，但他父親讓他在前台接待顧客。

當有汽車開進來時，法里斯必須在車子停穩前就站到車門前，然後檢查油量、蓄電池、傳動帶、膠皮管和水箱。法里斯注意到，如果他做得好的話，大多數顧客都還會來。於是，法里斯總是多做一些，幫顧客擦去車身、擋風玻璃和車燈上的污漬。

有段時間，每週都有一位老太太開著她的車來清洗和打蠟，這個車的車內地板凹陷極深，很難打掃。而且，這位老太太很難伺候，每次當法里斯把車準備好給她時，她都要再仔細檢查一遍，讓法里斯重新打掃，直到清除每一縷棉絨和灰塵，她才滿意。

終於，有一次，法里斯實在忍受不了了，他不願意再伺候那個老太太。法里斯回憶道，那時他的父親告誡他說：「孩子，記住，這就是你的工作！不管顧客說什麼或做什麼，你都要做好你的工作，並以應有的禮貌去對待顧客。」

父親的話讓法里斯深受震撼，法里斯說道：「正是在加油站的工作，使我學習到嚴格的職業道德和應該如何對待顧客，這些東西在我之後的職業生涯中起到了非常重要的作用。」

既然已從事了一種職業，選擇了一個職位，就必須接受它的全部，就算是屈辱和責罵，那也是這項工作的一部分，而不是僅僅只享受工作給你帶來的益處和快樂。

面對你的職業、你的工作職位，請時刻記住，這就是你的工作，不要忘記你的責任，工作呼喚責任，工作意味著責任。

有一個故事形容德國人的守時，開高架吊車的工人，剛把拖著水泥板的吊臂升到半空，這時下午六點的鐘聲敲響了。這位工人立即將車熄火，爬下梯子下班回家了，任由吊臂拽著水泥板懸在半空。

對於一個故事的主題，不同的描述方法將獲得不同的認知，我們在嘲笑德國人的守時，卻忽視了德國人對工作的嚴謹和負責。其實德國人是很守時，但對工作更負責任，相信故事裡的德國工人會準時下班，但不會把水泥板吊在半空。

面對賓士和 BMW 汽車，你一定會感受到德國工業品那種特殊的技術美感 —— 從高貴的外觀到性能良好的引擎，幾乎每一個細節都無可挑剔，深深地體現出德國人對完美的無限追求。由於高品質，德國貨在國際上幾乎成為「精良」的代名詞。日耳曼民族素以近乎呆板的嚴謹、認真聞名，對於德國的工業品而言，正是日耳曼民族獨步天下的嚴謹與認真造就了德國貨卓著的口碑。

然而，是什麼造就了德國人的嚴謹與認真，並進而在國際上贏得如此高的聲譽呢？

答案是對職業的虔誠。德國貨之所以精良，是因為德國人不是受金錢的刺激，而是以宗教的虔誠來看待自己的職業，並把這種虔誠完全融入到產品的生產過程中。

對於手頭工作和自己的行為百分之百分負責的員工，他更願意花時間去研究各種機會和可能性，顯得更值得信賴，也因此能獲得別人更多的尊敬，與此同時，他也獲得了掌控自己命運的能力，這些將加倍補償他為了承擔百分之百責任而付出的額外努力、耐心和辛勞。

李某是個退伍軍人，幾年前經朋友介紹來到一家工廠做倉庫保管理員，雖然工作不繁重，無非就是按時關燈，關好門窗，注意防火防盜等，但李某卻做得超乎常人的認真，他不僅每天做好工作人員的提貨日誌，將貨物有條不紊地排放整齊，還從不間斷地對倉庫的各個角落進行打掃清理。

三年下來，倉庫沒有發生一起失火或遭竊案件，其他工作人員每次提貨也都能在最短的時間裡找到所提的貨物。在工廠建廠二十週年慶功宴上，廠長以老員工的級別，親自為李某頒發了五千元獎金。好多老員工不理解，李某才來廠裡三年，憑什麼能夠拿到這個老員工的獎項？

廠長看出大家的不滿，於是說道：「你們知道我這三年中檢查過幾次我們廠的倉庫嗎？一次也沒有！這不是說我沒做好工作，其實我一直很瞭解我們廠的倉庫管理情況。作為一名普通的倉庫管理員，李某能夠做到三年如一日地不出差錯，而且積極配合其他部門人員的工作，忠於職守，比起一些老員工來說，李某真正做到了愛廠如家，我覺得這個獎勵他當之無愧！」

可以想像，只要在自己的位置上真正領會到「工作意味著責任」，領會到責任的重要性，百分之百負責地完成自己的工作，這樣的員工遲早都會得到加倍的回報。

相反，缺少責任感的工作，則會造成慘劇的發生。

內蒙古豐鎮市的一所高中，晚上七點補課結束後，一千五百多名學生在從該校教學大樓東西兩個樓梯口下樓時，一段樓梯護欄突然坍塌，由於沒有燈光，再加上樓梯間擁擠，導致下樓的學生不斷摔下樓梯，最終釀成二十人死亡、四十七受傷的慘劇。

僅一天時間，警方就公布了事故調查結果：學校基礎管理工作混亂。第一，事故發生地點的樓梯十二盞燈中一盞沒有燈泡，十一盞不亮。事故發生的當天下午，還有老師向校長反映燈泡照明問題，校長以「管理燈泡的人員不在」為由，未及時處理潛在的安全隱患；第二，技術監督部門懷疑豐鎮二中教學大樓樓梯護欄實際使用的鋼筋強度不夠；第三，這座教學大樓未在經驗收的情況下就使用了；第四，事故當天，應該帶班在場的校長正與本校和其他學校的十八位老師在當地一家飯店喝酒。

事實上，從樓體建築，到技術監督，到設施配置，到老師的管理，如果每一方面都有點責任感存在的話，這場慘劇就可以完全避免。一次責任感的缺失，導致二十一名學生付出了生命的代價。

八、像老闆那樣承擔責任

為謀求自身利益的兌現和擴大，有必要以老闆的標準來要求自己。在團隊中，你的主管、你的客戶，都是你的老闆，你的工作態度必須要超越他們，否則你將永遠是他們的指責對象。

一旦把公司的事情當成自己的事情，你就會發現，以前那些工作的煩惱、不快都一掃而空，你就會把公司的事情當做你最好的補品、最好的化妝品和最親密的戀人。

鋼鐵大王卡內基曾說：「無論在什麼地方工作，都不應只把自己當成公司的一名員工——而應該把自己當成公司的老闆。」你應該用老闆的標準去工作。當你看到公司物品破損或者生產浪費時，你是袖手旁觀，還是像老闆那樣去竭力阻止？當你看到公司的市場正在一點點地被對手侵蝕，你是漠不關心，還是像老闆那樣去積極尋找對策？當你看到你的同事在工作中碰到挫折而心情憂鬱時，你是抱持著事不關己的態度，還是像老闆那樣主動地去給他鼓勵？

老闆與員工最大的區別就是：老闆把公司的事情當做自己的事情，員工則喜歡把公司的事情當做老闆的事情。在這兩種不同心態的驅使下，他們工作的方式則大不相同。老闆，不用說，任何關於公司利益的事情他都會去做。但是有些員工在公司裡，卻往往只做那些分配給他們的事情，對於其他的事情，他們都以「那不是我的工作」、「我不負責這方面的事情」來推託。他們往往只是在上班的八小時在為公司工作，下班之後就好像與公司沒有任何關係。有這種思想的員工，他們在腦海裡把公司和自己分得很開，沒有把自己看成公司裡重要的組成一部分，這樣的員工一定融入不了公司，也永遠成不了優秀的員工。

凱文機器公司董事長保羅．查萊普曾說：「我警告公司的每一個人，假如有人說那不是他的錯，那是同事的責任，如果被我聽到的話，我一定開除他，因為說這種話的人明顯是對我們公司沒有足夠的興趣 —— 如果你願意站在那，眼睜睜地看著一個醉鬼坐進車子裡去開車，或者沒有穿救生衣的小孩單獨在碼頭玩耍 —— 我絕不允許我的員工這樣做，你必須去保護那個小孩才行。」這種喜歡推脫責任或者對公司的事視而不見的員工越來越不受歡迎。

日本的著名企業家井植薰也說：「對於一般的員工，我僅要求他們工作八小時。也就是說，只要在上班時間內考慮工作就可以了。對於他們來說，下班之後跨出公司大門，愛做什麼就可以做什麼。但是，我又說，如果你只滿足於這樣的生活，思想上沒有想做十六個小時或者更多的念頭，那麼你這一輩子可能永遠只能是一個一般的員工。否則，你就應該自覺地在上班以外的時間多想想工作，多想想公司。」

所有的老闆都一樣，他們都不會青睞那些在公司得過且過，每天只工作八小時的員工，他們渴望的是那些能夠真正把公司的事情當做自己的事情來做的員工，因為這樣的員工任何時候都敢作敢當，而且能夠為公司積極地出謀劃策。無論你是老闆還是員工，如果你真正熱愛這間公司的話，你就應該把公司的事情當成自己的事情。

皮爾．卡丹（Pierre Cardin）曾說：「工作使我愉快，休息使我煩惱。」一個員工，要是對工作有了皮爾．卡丹大師的這種熱情，就會覺得工作越做越有勁，人越活越年輕，道路越走越寬廣。

微軟創辦人比爾蓋茲在被問及他心目中的最佳員工是什麼

樣時，他也強調了這樣一條：一個優秀的員工應該對自己的工作滿懷熱情，當他對客戶介紹本公司的產品時，應該有一種「傳教士傳道般的狂熱！」只有一個把工作當成一門事業來做的人，才可能有這種宗教般的熱情，而這種熱情正是驅使一個人去獲得成就的最重要的因素。

但是，在目前中國的公司中，有這樣觀念的員工還不多，大部分員工只是將工作當成養家糊口的、不得不從事的差事，談不上什麼榮譽感和使命感。

甚至有很多人認為，我出力，老闆出錢，等價交換，誰也不欠誰，誰也不用過分認真，於是在工作中，只想做公司的老人，而不是做公司的功臣。他們沒有一絲工作的熱情，而是懶懶散散，不求有功，但求無過。這種現象已經影響了中國公司許多年，現在必須改變。在計劃經濟時代這樣的人可能還能行得通，但現在已經完全不行了！如果你真心想成為一名優秀的員工，想在公司有所發展的話，把公司的事情當做自己的事業來做吧。

九、讓自己具有強烈的責任感

美國西點軍校的學員章程規定：每個學員無論在什麼時候，無論在什麼地方，無論穿軍裝與否，也無論是在擔任警衛、值勤等公務，還是在進行自己的私人活動，都有責任履行自己的職責和義務。這種履行必須是發自內心的責任感，而不是為了獲得獎賞或其他原因。

這樣的要求是非常高的。但西點軍校認為，沒有責任感的軍官不是合格的軍官，沒有責任感的員工不是優秀的員工，沒有責任感的公民不是好公民。在任何時候，責任感對自己、對國家、對社會都不可或缺。正是這種嚴格的要求，讓每一個從西點軍校畢業的學員都獲益匪淺。

西點軍校認為，一個人要成為一個好軍人，就必須遵守紀律，有自尊心，對於他的部隊和國家感到自豪，對於他的同志們和上級有高度的責任義務感，對於自己表現出的能力有自信。這樣的要求，對每一個公司的員工也同樣適用。

有一次，一個年輕人向一位作家自薦，想做他的助理。年輕人看起來對抄寫工作是足以勝任的。談好條件之後，作家就讓那個年輕人坐下來開始工作，但是年輕人卻朝外面看了看教堂上的鐘，然後著急的對他說：「我現在不能呆在這裡，我要去吃飯。」於是作家說：「噢，你必須去吃飯，你必須去！你就一直為了今天你等著去吃的那頓飯祈禱吧，我們兩個永遠都不可能在一起工作了。」

年輕人曾因為自己沒被僱用而感到沮喪，但是當他有了一點點起色的時候，卻只想著提前去吃飯，而把自己說過的話和應承擔的責任忘得一乾二淨。

還有一個故事，說的是有一個商人需要招聘一個助手，他在商店的窗戶上貼了一張獨特的廣告——「招聘：一個能自我克制的男士。每星期四十美元，合適者可以拿六十美元。」

每個求職者都要經過一項特別的考試。卡特也來應聘，他忐忑地等待著，終於，輪到他了。

「能閱讀嗎？」

「能，先生。」

「你能讀一讀這一段嗎？」商店老闆把一張報紙放在卡特面前。

「可以，先生。」

「你能一刻不停頓地朗讀嗎？」

「可以，先生。」

「很好，跟我來。」商人把卡特帶到他的私人辦公室，然後把門關上。他把這張報紙送到卡特手上，上面印著卡特要讀的一段文字。

閱讀一開始，商人就放出六隻可愛的小狗，小狗跑到卡特的腳邊，相互嬉戲吵鬧。許多應聘者都因受不了誘惑要看看美麗的小狗，視線離開了報紙，因此而被淘汰。但是，卡特始終沒有忘記自己的角色，他知道自己當下是求職者，他不受誘惑，一口氣讀完了報紙。

商人很高興，他問卡特：「你在朗讀的時候沒有注意到你腳邊的小狗嗎？」

卡特答道：「是的，我注意到了，先生。」

「我想你應該知道牠們的存在，對嗎？」

「對，先生。」

「那麼，為什麼你不看一看牠們？」

「因為你告訴過我要不停頓地讀完這一段。」

「你總是遵守你的諾言嗎？」

「的確是，我總是努力地去做，先生。」

商人在辦公室裡來回走著，突然高興地說道：「你就是我想要找的人。」

卡特正是商人想要僱用的人，因為他一旦知道了自己的工作職責，就會帶著強烈的責任感去完成它。

在生活中我們常常聽見別人說：「過一天算一天吧，不至於丟掉飯碗就行了！」這種人實際上已經失去了強烈的責任感，承認了自己人生的失敗。

在一列火車上，有一位婦女將要生產。列車長廣播通知，緊急尋找一位婦產科醫生。這個時候，有一位婦女站了出來，說她是婦產科的，列車長趕緊把她帶入一間用床單隔開的病房。

毛巾、熱水、剪刀、鉗子都備齊了，只等最關鍵的時刻到來。那位自稱婦產科的女子此刻非常著急，將列車長拉到產房外，說明產婦出現難產，情況緊急，並告訴列車長自己其實是婦產科的一名護士，並且由於一次醫療事故而被醫院開除了。今天這個產婦情況不好，人命關天，她自知能力不夠，建議立即送往醫院搶救。此時，產婦因難產而非常痛苦地尖叫著，而距離最近的一站還要行駛一個多小時。列車長鄭重地對她說：「你雖然只是一名護士，但在這輛列車上，你就是醫生，我們相信你！」

列車長的話鼓舞了這名護士，她準備了一下，走進產房時又問：「如果不得已時，是保小孩還是保大人？」

「我們相信你！」列車長又鄭重地重複了一遍。這位婦女明白了，她堅定地走進產房。列車長輕輕地安慰產婦，說現在正由一名專家給她接生，請產婦安靜下來好好配合。

出乎意料的是，那位婦女幾乎獨自完成了這個手術，嬰兒的啼哭聲宣告了母子的平安，而強烈的責任心讓這位婦女完成了她有生以來最為成功的手術。

強烈的責任感能喚醒一個人的良知，也能激發一個人的潛能。但在生活和工作中，隨處可以見到一些人，他們失去了自己的責任感，只有等別人強迫他們工作時，他們才會工作，他們從來沒有真正思考過自己體內到底有多少潛能。

一個有責任感的員工，當他面臨挑戰和困難時，他會迸發出比以往強大若干倍的能力和勇氣，因為他知道，因為他的懦弱，很可能讓公司承受巨大的損失，只有勇敢地面對，才有可能真正負起責任，不讓公司遭受損失。

一個逃避困難、不敢面對挑戰的員工，很難讓人相信他會真正為公司負起責任，作為公司的老闆，誰敢賦予他更大的使命呢？

在一個團隊裡，最需要的就是成員們的團結合作和責任感，只有這樣，團隊的目標最終才能實現。團隊的成功靠的是成員對團隊的責任感，成員的成功靠的是彼此的責任感。

第一章　責任是一種使命

第二章　負責任是永不過時的素養

責任來自於對集體的珍惜和熱愛，來自於對集體成員的負責，來自於自我的一種認定，來自於對自身不斷超越的渴求——責任是人性的昇華。負責任是我們每個人永不過時的素養，當一個人聽從內心中職責的召喚並付諸行動時，才會發揮出他自己最大的效率，而且也能更迅速、更容易地獲得成功。

一、不要抱怨自己懷才不遇

似乎到處都有「懷才不遇」的人，這種人有些真的懷才不遇，因為客觀環境無法配合，但為了生活，又不得不屈就，所以痛苦不堪。

是否有才華的人都是這樣？絕不是，雖然有時千里馬無緣遇到伯樂，但大部分都是自己造成的。有些確實有才華的人常自視過高，看不起能力、學歷比自己低的人，可是社會上的事很複雜，並不是你有才能就可以得其所，別人看不慣你的傲氣，就會想辦法修理你。

而另外一種「懷才不遇」的人根本是自我膨脹的庸才，他們之所以無法受到重用，是因為自己的無能，而不是別人的嫉妒。但他們往往沒有認知到這個事實，反而認為自己懷才不遇，到處發牢騷，吐苦水。結果呢？「懷才不遇」感覺越強烈的人，越把自己孤立在小圈子裡，無法參與其他人的圈子。結果有的辭職，有的外調，永遠是小職員，有的則還在原公司繼續「懷才不遇」下去。

現實生活中，不管你的能力如何，也不要有「有能力無法施展」的念頭，這時候你一定要記住：就算有「懷才不遇」的感覺，也不能表現出來，因為這樣魯莽的行為是不智慧的表現，你不妨從以下幾個方面權衡和完善自我。

（一）自己是否具有核心能力

一個現代化的公司如果沒有核心能力，將會逐漸走向倒閉，而不具備核心能力的人，也將注定只能拿薪水，而不會有多大的職業發展，你是否會成為這種人？幾個問題你不妨回答一下：

你是否正在一條正確的道路上行走？

你是否仔細的觀察和研究過你工作的每一個細節，就像木匠仔細研究他的櫃子尺碼，力求達到盡善盡美？

你是否致力於為公司創造更多的價值？為了這個目的，你不斷的拓展自己的知識層面，並認真閱讀過相關的專業書籍嗎？

如果對這些問題，你不能做出肯定的答覆，那說明你沒有做得比別人好，也沒有超越他人，因此，你也就明白為什麼你比別人聰明，卻總是得不到升遷的機會。看到上面的問題，就更應自我反省，努力做到完美。

一位企業家說過：「判斷一個人的知識，要看他主動地把事情弄清楚的程度。」只有如此，淵深和廣博的知識才能促使你更上一層樓，對你的發展起更大的推動作用。

事實上，我們應更深入探索和學習我們所涉及領域的知識。只是泛泛地瞭解一些知識的經驗，那是遠遠不夠的。正如一位出色的企業家說：「『萬事通』在我們那個時代可能還有機會施展，但到現在已經一文不值了。」掌握幾十種職業技能，還不如只精通其中一兩種，什麼都只知道泛泛的一點，還不如在某方面懂得更深入，因為如果你不能做得比別人更好，就不能妄想超越他人，也無法形成自己的核心競爭能力，因為這種能力會把你和別人區別開來，使你自己在工作中變得不可取代，為你的職業生涯打下良好的基礎。

同時，要獲取這種核心能力，需要在職業生涯中做出「正確的抉擇」，而這需要一段長時間的訓練期，很多生活中的失敗者也都做過好幾種行業，可如果他們能夠集中精力在一個行業和方向上發展，相信就足以獲得很大的成功。

成功的祕訣之一就是：無論你從事什麼職業都應該精通它。精通自己領域的所有問題，掌握得比別人更熟練、更精通，你就會比其他人有更多的機會獲得升遷和更長遠的發展。

（二）讓自己變得不可替代

在我們這個時代，全才不過是天方夜譚，於是，專家出現了。專家其實只意味著對某個細節瞭解得比別人多一點罷了。既然你已經無法成為全才，那麼，不妨試著去瞭解某些細節吧，越細越好，這樣，當別人有疑問時，首先想到的肯定會是你。

李某在一所很普通的大學讀電腦科系。大三那一年，在父親朋友的幫助下進入一個大城市的一家科研機構實習。剛去的時候他坐在那裡，上司看他可憐，就扔了一個東西給他，說：「三個月內完成就行，到時給你一個實習證明。」

三天裡，他幾乎住在公司，然後一項項完成了。

第四天上午，當他告訴上司任務已經完成時，上司嚇了一跳，對他刮目相看。又給他幾個任務，並且規定很少的時間，而他居然都會提前完成。

實習結束，上司沒多說什麼，但不久卻直接到他的學校點名要他。

這之前，機構的上級部門覺得很奇怪：「我這裡有好幾個品學兼優的研究生，你都不要，卻非要一個普通的大學生，不是開玩笑吧。」

「不是開玩笑，他有專長。」那個上司說。

後來，有一次上級臨時借調他去幫忙，結果這個部門以前的報表都是最後一個交，並且還經常被退回，但這一次，李某不僅第一個送上報表，而且一次性順利通過。

上面點名要他，下面不願意放，但硬是被調走了。現在他做的事情是負責為新來的研究生、大學畢業生分配工作。

在就業競爭日益激烈的今天，李某如何輕鬆地找到了一份體面的工作？

李某總結的經驗是：把自己所學的知識對應於社會工作的一個領域，並在這方面強化，找一切機會轉為實踐能力。所以從大二開始，他就不再平均用功，而是開始專攻一科：資料庫。那是他的興趣，也是他認為以後用處最廣的領域。

他的大部分時間都用在這上面，他幾乎在上一個「資料庫」研究生班。當然，他既是導師也是學生。這種專攻到了什麼地步？有時，老師就讓他給同學們講，而自己在下面微笑著看他。

這樣的年輕人有哪個上司不喜歡呢？

無論你目前從事哪一種工作，一定要使自己多掌握一些必要的工作技能。一步一腳印去做，把自己訓練成一個適合你所期望的職位的人，而其中一個關鍵的問題就是：掌握必要的工作技能，讓自己勝任這個職位。在主動提高工作技能時，你應該明白，自己這樣做的目的並不是為了獲得金錢上的報酬，而是為了使自己更長久地發展。更重要的是，多掌握一些必要的工作技能，然後才能在自己選擇從事的終身事業中，成為一名傑出的人物。

有人這樣告誡自己的孩子：「無論未來從事何種工作，一定要全力以赴，一絲不苟。能做到這一點，就不需為自己的前途操心。因為世界上到處是散漫粗心的人，那些盡心盡力者始終是供不應求的。」工作是人的天職，履行這個天職最為重要的是要有相關的技能，就像貓一定要學會抓老鼠一樣，如果沒有好的工作技能，就無法履行你的天職，也就無法成為你自己了。

在公司中，如果你掌握了必要的工作技能，就能提升自己在老闆心目中的地位。隨之，你會頻繁出現在公司的重要會議上，甚至被委以重任，因為在老闆的心中，你已經變得不可取代。

(三) 百分之百投入地做好每一件事

任何公司都會要求員工盡最大努力投入工作，創造效益。其實，這不僅是一種行為準則，更是每個員工應具備的職業道德。

全身心的投入，並盡善盡美地完成一件事，要比雖然懂得十件事，卻只知皮毛好得多。美國一位知名人士在做演講時，曾對學生說過：「比任何事情都重要的是，你們要懂得如何將每一件事情做好，只要你能將工作做得完美無缺，就會立於不敗之地，至少永遠不會失業。」

一個成功的企業管理者說：「如果你能製出一枚完美的別針，帶來的財富應該比你製造出粗糙的蒸汽機多更多。」

許多人都有過同樣的困惑，為什麼那些能力不如自己的人，最終取得的成就卻遠遠大於自己？如果這個問題讓你百思不得其解，其實就是投入程度不同而已。

那些毫無水準的建築工人，將磚石和木材拼湊在一起來建造房屋，可能在尚未找到買主之前，有些房子就已經被暴風雨摧殘了。學術不精的醫科學生，懶得花更多的時間去學習專業知識，結果在給病人動手術時，他們往往手忙腳亂，使病人承擔極大的風險。律師如果平時不認真研讀法律法規，替當事人辯護時就會笨手笨腳，浪費當事人的時間和金錢……這些都是缺乏投入精神的結果。

世上無難事，只怕有心人。無論你從事什麼行業，都應謹記這個道理。

曾人有人問洛克斐勒（John Davison Rockefeller）這樣一個問題：「你是如何完成如此多的工作的？」洛克斐勒的回答是：「我在特定的時間內只集中精力做一件事，而且我會盡最大努力去做好它。」

如果你對自己的工作不夠瞭解，業務不夠熟練，就不應該在失敗之後去責怪別人，怨天尤人，你唯一應該做的就是精通業務。這一點並不難，但需要長時間不斷的累積。所謂冰凍三尺非一日之寒。但是在我們周圍，好多人隨便讀幾本法律書，就自負的認為自己完全可以解決疑難案件，或者聽了幾堂醫學課，便急著給病人做手術，他們根本沒有想到自己的不負責任很可能葬送一個寶貴的生命！

很多人之所以在工作中投機取巧，原因就是在學生時代養成了半途而廢、心不在焉、得過且過的壞習慣，他總是尋找機會欺騙老師，蒙混過關。不遵守時間也是這些人的一貫作風，他們也因此屢遭失敗。去銀行辦事如果遲到，人們會拒付他的票據；與人約會遲到，會讓人對他失去信任。如果一個人輕視身邊的小事，那麼他的整個人生必將渾渾噩噩，一事無成，他們工作起來手足無措，毫無頭緒，他們的文件、稿子總是亂堆亂扔，從不進行分類管理，以至於自己的思想都受到干擾，無法正常工作，使別人再也無法相信他。

這樣品行的人，注定要走向失敗，老闆和同事也將對他們感到失望。最不幸的是，這種人一旦透過某種不正當的手段爬上高層，造成的結果就會更嚴重，上梁不正下梁歪，其下屬必定受到惡習影響。這樣一來，公司從上到下一片混亂，又怎麼能期待這樣的集體創造出優良的產品呢？

一位先哲說過：「如果去做一件事情，就投入百分之百的努力吧！」還有位名人說：「無論你從事什麼工作，都要全心全意地做！」

二、具有挑戰新工作的勇氣

有些人因為害怕失敗，所以不敢嘗試新的、更高一層的工作。

一位女職員羅琳在年底時面臨一個好機會。總經理找她談話，告訴她將有機會競選一個部門主任的職位，而且總經理親口告訴她，有資格競選的人不超過四個，而那三個人都沒有羅琳更了解這個部門的工作。

總經理說：「如果是妳，還是有很大機會的。」話都說到這程度了，不管是誰都能明白，總經理對她寄予厚望，這個職位應該就是她的了。可是羅琳思前想後，到最後居然回絕了總經理，因為她認為自己還是做具體的業務比較合適，做管理工作沒有經驗，怕做不好讓老闆失望。就因為這樣的理由，羅琳把加薪升遷的好機會拱手讓給了別人。

沒有人天生就會做一個新的工作，經驗都是在工作的過程當中學習和累積出來的，因為害怕失敗就放棄機會，沒有比這更沒出息的了。你的上級老闆也會失望，不是因為你沒做好工作，而是因為你連嘗試的意願都沒有。假如你真的努力做了，即使沒有達到老闆的預期目標都沒關係，至少你努力過了。而拒絕機會意味著什麼？意味著你膽怯、沒有勇氣，這是職場的大忌。

三、隨時掌握有價值的資訊

在資訊社會，每個人都在扮演著兩個基本角色，即資訊傳遞者和資訊接受者。資訊就像人們講「吃過飯了嗎？」「吃過了」之類的寒暄一樣自然而平常。但在這「自然而平常」之中，卻有著許多的道理和學問，關鍵就是在於你能否捕捉和善用資訊。

總有些人不去自發的收集資訊，而只是坐著等資訊傳達到他們手上。抱持這種「守株待兔」的態度，當然不可能收集到有價值的資訊。

要學會捕捉有用的資訊，就應該注意收集、發現和開發資訊。

資訊就跟空氣一樣，無處不有又無處不在。在生活中，不是缺少資訊，而是缺少發現資訊的眼睛。在任何時候，我們都必須利用自己敏感的神經，不放過每一個可能有用的資訊，哪怕是一點小事，每一次交談，只要留心觀察，都有可能挖掘到自己要尋找的資訊。

美國一家食品製造業，因資訊不暢而舉步維艱。他們投入資金請亞利桑那大學威廉·雷茲教授為其提供具體可行的發展資訊。

威廉·雷茲教授接受委託後，立即著手對亞利桑那地區的垃圾進行研究。這在一般人看來與資訊毫無關聯，但威廉·雷茲教授就是在垃圾堆裡為這個公司找到了有用的資訊。

威廉·雷茲教授對當地的垃圾進行了較長時間的分析研

究。他與助手一起，從每天收集的垃圾堆中挑出數袋，然後把垃圾的內容依其原產品的名稱、數量、重量、形式等予以分類，如此反覆，進行了近一年的研究分析。

威廉．雷茲教授說：「垃圾絕不會說謊和弄虛作假，什麼樣的人就丟什麼樣的垃圾。查看人們所丟棄的垃圾，往往是比調查市場更有效的一種行銷研究方法。」他透過對垃圾的研究，獲得了當地食品消費情況的資訊：

比如，勞動者階層的人喝進口啤酒比高階層收入群體多，並且他們知道所喝啤酒中各種牌子的比例；中等階層人士比其他階層消費的食物更多，都因為上班而沒有時間處理剩餘的食物。

威廉．雷茲教授還透過對垃圾內容的分析，準確地了解到人們消費各種食物的情況，並得知減肥清涼飲料與壓榨的橘子汁屬於高階層人士的消費品。

後來，這家公司根據威廉．雷茲教授所提供的資訊制定經營決策，組織生產，結果大獲成功。

成功的人，往往對任何事情都抱有好奇心，在搜集資訊時，也自然能對事物保持一定的敏感度，以便捕捉到對自己有用的資訊。

古川久好曾是日本一家公司的小職員，平時的工作是為老闆做一些文書工作，跑跑腿，整理報刊資料。這份工作很辛苦，薪水又不高，他時常琢磨著想個辦法賺大錢。

有一天，他經手的報紙上有一條介紹美國商店情況的專題報導，其中有一段提到了自動販賣機。上面寫道：「現在美國各地都大量採集自動販賣機來銷售貨品，這種販賣機不需要僱人看守，二十四小時可隨時供應商品，而且在任何地方都可以營業，給人們帶來了許多便利。可以預想，隨著時代的進步，這種新的售貨方式會越來越普及，必將被廣大的商業公司所採用，消費者也會很快地接受這種方式，前途一片光明。」

古川久好於是開始在這上面動腦筋，他想：「日本現在還沒有一家公司有這種販售方式，可是將來也必然會邁入一個自動販售的時代。這項生意對於沒什麼本錢的人最合適。我何不趁此機會去經營這種新行業？至於販賣機裡的商品，應該放一些新奇的東西。」

於是，他就向朋友和親戚借錢購買自動販賣機，共籌到了三十萬日元，這筆錢對於一個小職員來說可不是一筆小數目。他以一台一點五萬日元的價格買下了二十台售貨機，設置在酒吧、劇院、車站等一些公共場所，把一些日常用品、飲料、酒類、報章雜誌等放入其中，開始了他的新事業。

古川久好的這一行動，果然給他帶來了大量的財富。人們第一次見到公共場所的自動販賣機，感到很新鮮，因為只需要投入硬幣，販賣機就會自動打開，送出你需要的東西。一般來說，一台販賣機只放入一種商品，顧客可按照需求從不同的販賣機裡買到不同的商品，非常方便。古川久好的自動販賣機第一個月就為他賺到一百多萬日元。他再把每個月賺的錢投資於自動販賣機上，擴大經營規模。五個月後，古川久好不僅早已連本帶利還清了借款，而且還淨賺了近兩千萬日元。

正是一條有用的資訊，造就了一位新富翁。

主動探詢，主動交流，就能夠不費吹灰之力，得到珍貴的資訊。

日本一家公司計畫研發一種供應美國市場的重型機車，於是公司派出一批設計師到美國調查搜集資訊。他們與美國司機交朋友，一起開車、聊天、喝酒，瞭解他們的生活方式等情況，掌握了他們各種特殊消費需求資訊，並瞭解此類車的環保資訊。然後，根據搜集到的大量資訊進行研究設計，終於生產出一種完全符合美國人「口味」的重型機車，投入到美國市場後，立即成為供不應求的產品。

你不僅要知道從什麼人、從什麼地方可以得到資訊，還要將你得到的資訊加以證實。你要善用資訊管道，與同行中有經驗的前輩交流、參加社團活動、利用媒體等等，擴展自己的資訊網路。

凡是自己的同學、朋友、同事以及他們認識的人，都可以成為你的資訊來源。只要你平時持續與他們往來，能把這些人融入到你的資訊網路中，那就是一筆可觀的無形資訊資產。

要建立自己的資訊網路，就不能局限於公司內部。其他團體也會舉辦各種研討會，你最好爭取參加的機會。吸收一些自己欠缺的資訊，這些資訊說不定會對你大有幫助。

或許你還會認識一些同行，這樣就更加擴大了自己的資訊網路。因為在公司與同事往來久了，收穫會十分有限，如果能和外面的同行結識，你不但可以接觸到和自己工作不同的領域，更能擴大自己的資訊量，充實自己。

現代社會，資訊資源豐富多樣。正確選擇利用資訊無疑是做好員工的一項基本能力，學會利用資訊更是做好生產或從事經營的一個基本要素。在大量的資訊資源中，要選擇與自己所從事的行業相關的資訊。

(一) 將資訊進行歸類整理

把自己搜集到的各類資訊，分為幾大類。然後按大類分辯真假。將那些明顯虛假的資訊剔除，把認為是真實的或基本真實的資訊留下來，然後再細分；對那些處理起來只有好處、沒有壞處的專案作為首先應該處理的；對那些處理起來既有利益、又有風險的專案，進行一番分析對比，看是利益大還是風險大；對那些危險太大、收益又沒把握的專案，歸為最差、最無價值的一類。把類別分清楚了，真假、好壞、優劣資訊自然也就甄別出來了。

(二) 對資訊進行綜合分析

在瞭解到各種行情後，往往會出現這種情況，就是大家都認為只有好處、效益又高的經營企劃，反而難辦或難以辦成。因為大家看到的都是有利的條件，沒看到不利的因素，都往這個經營企劃上擠。而這一擠，就可能造成形勢變化，有利條件有可能變成不利因素，增加了難度。真正有潛力發展的是那些既有前途又有風險、既有效益又沒把握獲利空間的企劃。為了選擇好專案，就要對資訊和行情進行全面分析、綜合對比。把經營企劃中關於好處、壞處、效益、風險的資訊，都一條一條列舉出來，然後逐條對比，分析各類資訊之間的關係，最後得出結論。

(三) 對資訊進行試驗

如果你認為某個專案不錯，但在經過綜合分析對比後，仍沒有確切把握，未能把最真實、最有效的專案選出來，還無法下決心，該怎麼辦？有一個辦法，就是先做小型試驗，進行小範圍、小規模生產經營，根據結果再下決心。這樣，既摸清了行情，又獲取了經驗，為日後大範圍經營打下基礎。

(四) 對情況做出預測

俗話說：「做生意要有三隻眼，看天看地看久遠」。任何行情、資訊都不是靜止不動、固定不變的，而是經常隨著客觀情況的變化而波動。只有站的高一點、才能看的遠一點。預先有所準備和打算，才不至於跟在別人後面跑。現在，不少公司是看別人做什麼企劃就也去做同類生產。結果往往是產品時下很搶手，但等到它費工、費錢、費時做成了，市場行情也開始變化，原來的時興變成了過時，熱門商品變成了廢物，成為麻煩。怎樣才能解決這個問題呢？最好的辦法是提前時間，估量形勢，把可能發生的變化，預先加以預測，加以準備。

四、為你的公司提出最佳方案

成功的職場人士都喜歡問自己：「怎樣才能做得更好？」具有這樣的問題意識，自然能夠了解自己周圍所欠缺的、不足的還有很多，這些可能正是公司今後的策略和方法。

質疑自己的工作看起來並不難，但大多數員工都沒有這樣做。

一位老闆在他的回憶錄上寫道：

「事實上往往有些員工接到指令後就去執行，他需要老闆具體而詳細的說明每一個專案，完全不去思考任務本身的意義，以及可以發展到什麼程度。」

「我認為這種員工不會有成就，因為他們不知道思考能力對於人的發展是多麼的重要。」

「不思進取的人由接到指令的那一刻起，就感到厭倦，他們不願動半點腦筋，最好是能像電腦一樣，輸入了程式就能不需思考的把工作完成。」

所以，不斷思考改進是你必須要做的事。在你對既有工作流程尋求改變前，必須先努力了解既有的工作流程，以及這樣做的原因。然後質疑既有的工作方法，思考能不能做進一步改善。

一個人成功與否在於他是否做任何事都力求最好，成功者無論從事什麼樣工作，他都絕不會輕率疏忽。因此，在工作中就應該以最高的標準要求自己，能做到最好，就必須做到最好。這樣，對於老闆來說，你才是最有價值的員工。

有個剛進公司的年輕人自認為專業能力很強，有一天，他的老闆交給他一項任務，為一家知名公司做一個廣告策劃方案。

因為老闆親自交代的，這年輕人不敢怠慢，認真的做了半個月。半個月後，他拿著這個方案，走進了老闆的辦公室，恭敬地放在老闆的桌子上。沒想到，老闆看都沒看，只說了一句話：「這是你能做出最好的方案嗎？」年輕人一怔，不敢回答，老闆輕輕地把方案推給年輕人，年輕人什麼也沒說拿起方案，走回自己的辦公室。

年輕人苦思惡想了好幾天，再修改後交上，老闆還是那句話：「這是你能做出最好的方案嗎？」年輕人心中忐忑不安，不敢給予肯定的答覆，於是老闆還是讓他拿回去修改。

這樣反覆了四五次，最後一次的時候，年輕人自信地說：「是的，我認為這是最好的方案。」老闆微笑著說：「好，這個方案批准通過。」

透過這件事，年輕人明白了一個道理，只有持續不斷地改進，工作才能做好。從這以後，在工作中他經常自問：「這是我能做出最好的方案嗎？」然後再不斷進行改善，不久他就成為了公司不可缺少的一員，老闆對他非常滿意，後來這個年輕人被升為部門主管，他帶領的團隊業績一直很好。

因此，工作做完了，並不代表不可以再有改進，在滿意的成績中，仍抱著客觀的態度找出問題，發掘未發揮的潛力，創造出最佳業績，這才是優秀員工的表現。

五、薪資與你的付出成正比

許多獲得高薪的員工往往迴避關於薪資的具體話題。但從他們的言談之間，你還是能了解到高薪員工是如何獲得高薪的。原來他們高薪的主要原因是因為「物有所值」。

貝絲是一位負責家用電器連鎖店的副店長，她向她的老闆莫尼克彙報說，如果擴大連鎖店的經營規模，生意便可擴大兩倍。但莫尼克還有些猶疑不定，因為她難以確定經營管理的前景，即：規模擴大能否帶來適當的回報。

在一次地區會議上，一位辦事處高級官員詢問貝絲對於工作進展的態度。她回答道，工作進展得不錯，連鎖店生意興隆，她喜歡莫尼克的工作作風。多數老闆們也許常常抱怨不能把所有的商品和客戶塞進如此狹小的空間。而他們上週幾乎是把電視機直接從運貨車上賣掉的。如果有更大的地方，那些顧客也許還會光顧更多的商品。他們是在現有的條件下全力以赴進行工作的。

幾週之內，莫尼克的連鎖店計畫又增加了一間廳。正如預計的那樣，銷售量迅速成長。莫尼克讚揚貝絲的傑出業績。幾週之後，貝絲的薪水便上漲了。

薪資體現了員工的價值。老闆在給員工增加薪資時，著重於業績。如果你為公司創造了極好的業績，薪資的成長是理所當然的。

在某電子公司工作的艾倫說，他所得到的薪資是他在上大學時不敢想的。目前，他對自己的工作環境、工作薪資都感到非常滿意。同時，他又說，公司也應該付給他這樣的高薪，因為他為公司創造的效益，是不能用薪資來衡量的。

如果你敢向公司提出要獲得年薪三十萬元以上的高薪，那是因為你能給公司帶來三十倍、甚至三百倍以上價值的成長。用業績、用能力說話，這是優秀員工坦然面對高薪的心態。

傑克剛到公司上班時，幹勁十足，雖然還在適用期，但他每天做的事一點也不比正式員工少，上司也常誇他悟性很高。可是發薪水時，他拿到的還不及正式員工的一半，公司的福利他也沾不上邊。原本他只是有些失落，可跟受聘於其他公司的同學一打聽，自己儼然是苦命勞工，做那麼多，得到的卻那麼少。他想放棄這份工作又捨不得；想要求老闆提高薪水，又怕傳出愛計較的不好名聲……本來的好心情一下子蕩然無存。

其實傑克是鑽進了一個小小的牛角尖裡，他需要的是人們提供給他更寬闊的發展空間。所以當上司問傑克：「你覺得一年的薪資收入重要，還是一生的成長重要」時，傑克笑了，他找到了自己的答案。

每一位職場人士都該知道，自己喜不喜歡、適不適合這家公司，以及這家公司和自己在這家公司能否有發展才是選擇的關鍵。相信這些都有了，與之相應的薪資、待遇就都會隨之而來。沒必要一開始就過於關注誰的麵包比你大，從而影響你的精力和情緒，延誤你正常能力的發揮

六、如何安然度過文憑危機

一家大公司的總經理對前來應聘的大學畢業生說：「你的文憑代表你應有的知識程度，它的價值會體現在你的薪資上，但有效期只有三個月。要想在我這裡做下去，就必須知道你該學些什麼東西。如果不知道該學些什麼新東西，你的文憑在我這裡就會失效。」

公司招聘人才，文憑是敲門磚，進門之後，不斷提升自己才是開鎖的鑰匙和向上的階梯。文憑相同的人，有的在同一個部門，或同做一份相近的工作，但過了一段時間後，他們兩個人所創造的業績卻完全不同。

這是為什麼呢？原因是學校裡學到的一些基礎知識，數量十分有限，工作中、生活中需要的許多知識和技能，課本上根本沒有，老師也沒有教過，離實際所需還差得很遠。如果不繼續學習，就無法使自己適應急速變化的時代，也就無法適應工作的要求。可見，不斷地學習知識與技能，是一個人在職場發展的進步的關鍵。

大學畢業生張某和陳某同時被招聘到某公司運輸部。張某按部就班，認真地完成經理交辦的每項工作，沒出什麼差錯，他自己很滿意。但陳某卻並沒有自我滿足，在工作中他不斷地學習運輸行業的相關知識，很快提高了自己解決問題的能力。在一次對客戶的分析中，他發現北部的貨物運輸近期常有延期現象，多是由於修路原因造成。於是，他透過網路，對北部周邊地區各交通幹線的路況進行了一系列的調查，並且每天都列出了一份動態的路況交通圖給經理參閱。就是這份動態的路況圖，對公司的貨物運輸起了重要的疏導作用，不僅有效的縮短運輸時間，而且還減少了因修路、繞行而產生的運輸費用，於是他受到公司高層的重視和獎勵。當然，三個月後，繼續聘用的是不斷進步、能力不斷提升的陳某。

在職場上，文憑只是一個知識累積的標誌，公司用人，更看重的是員工的發展潛力與解決實際問題的能力，而這一切，只有透過不斷地學習、不斷地自我提升，才能達到。

在公司裡，一旦鬆懈，便會被別人超越。對待工作上的學習，不能持有「一次性付清即可」的想法。只依靠在學校學到的東西，在公司裡遠遠不夠用。同樣，想憑一段時期所學習的技術來永久闖天下，也是不可能的。

七、不斷給自己充電

在老闆看來，如果你是剛入公司的新人，勤於學習是必要的，因為有太多專業技能、工作技巧、職場文化、企業文化、人際關係有待熟悉；如果你已是工作數年自認「資深」的員工，也不可倚老賣老、妄自尊大，否則很容易被後輩迎頭趕上。

知識就是力量，不懈的學習精神才是百戰百勝的利器。尤其在感覺自己有所不足的時候，業餘進修、學以致用是一條捷徑。

「全球第一位女 CEO」、惠普公司董事長兼執行長卡莉·費奧莉娜（Carly Fiorina）女士從祕書工作開始職業生涯，是如何提升自我價值，一步步走向成功，並最終從男性主宰的權力世界中脫穎而出的呢？答案就是不斷在工作中學習。

卡莉．費奧莉娜學過法律，也學過歷史和哲學，但這些都不是她最終成為 CEO 的必要條件。卡莉．費奧莉娜並非技術出身，在惠普這樣一家以技術創新而領先的公司，她只有透過不斷學習才能達到目標。

她說：「不斷學習是一個 CEO 成功的最基本要素。這裡說的不斷學習，是在工作中不斷總結過去的經驗，不斷適應新的環境和新的變化，不斷找出更好、更有效率的工作方法。我在剛開始的時候，也做過一些不起眼的工作，但我還是從自己的興趣出發，找出最合適的職位。因為，只有我的工作與我的興趣相吻合，我才能最大限度地在工作中學習新的知識和經驗。在惠普，我不只在工作中不斷學習，整個惠普都有鼓勵員工學習的機制，每過一段時間，大家就會坐在一起，相互交流，了解對方和整個公司的動態，了解業界的新的動向。這些小事情，是能保證大家步伐緊跟時代、在工作中不斷自我更新的好辦法。」

「很少有人能夠具備與生俱來的領導能力，真正成功的領導者肯定是在工作中不斷累積經驗、不斷學習而逐步成功的。」

透過在工作中的不斷學習，就能提高自己的實際能力，作為一個員工，不論處在職業生涯的哪個階段，學習的腳步都不能稍有停歇，要把工作視為學習的殿堂。

你的知識對於所服務的公司而言是很有價值的寶庫，所以，你要好好自我監督，別讓自己的技能落在時代的尾巴。

當然，在工作中不斷學習，不一定非要脫離現在所從事的工作。如果你想要學習，在工作實踐中學習也是一樣的，只要你用心就能學好。如果你熱愛自己的工作，隨時都可以在身邊發現值得學習的東西，而那正是最有用的、最適合你職業的學習內容。

職業生涯沒有一通到底的 pass port，充電是必須的。曾有人說，二十一世紀就業的三大基本技能是外語、電腦和開車。也許說得「超出平常」了點，但不可否認的是，如果這三樣技能你樣樣精通，那就是好工作找你多一些，而不是你忙著去找好工作。所以你看，大街小巷的電腦、外語學習班多熱門，駕訓班要報名上都很困難。

但也不要看著別人去報名培訓就跟著起哄，最好選擇有實用價值、有針對性地去學。充電是隨時隨地都可以的，讀一本書、與同事探討都是充電的過程。

八、創新是不斷進取的表現

美國著名管理大師傑佛瑞（Geoffrey Moore）說：「創新是擴大公司的唯一之路」。沒有創新，企業管理者肯定會毫無作戰能力，也根本不會有繼續擴大的可能。同樣的道理，創新是一個員工縱橫職場之本。創新突破常規，能創造機遇，能找到新招。

幾年以前，有個人賣一塊銅，喊價是二十八萬美元，好奇的記者一打聽，方知此人是個藝術家。不過對於一塊只值九美元的銅來說，他的價格是天價。他被請進電視台，講述了他的道理：一塊銅價值九美元，如果製成門柄，價值就增值為二十一美元；如果製成工藝品，價值就變成三百美元；如果製成紀念碑，價值就應該值二十八萬美元。他的創意打動了華爾街的一位金融家，在他的幫助下，那塊銅最終製成了一尊優美的雕像——也就是一位成功人士的紀念碑，價值為三十萬美元。從九美元到三十萬美元之前的差距，恰恰就是創造力的價格。

奧列佛．溫特．懷斯曾經說過：「人的智慧如果滋生為一個新點子時，它就永遠超越了它原來的樣子，不會恢復本來面目。」

創造力本身並不是奇蹟，人人皆具備。但大多數人由於受到傳統思想的束縛，形成了一種固有的思考定式，缺乏創新意識，自然就不會有好的結果。

打破常規，不按常理出牌，突破傳統思想的束縛，哪怕是一個小小的突破，也會產生非凡的效果。日本東芝電器公司的一個小小職員，就因為一個不太起眼的創意，為我們提供了一個成功的實例。

日本東芝電器公司一九五二年前後曾一度累積了大量的電扇賣不出去，七萬名員工費盡心機地想辦法，依然毫無進展。

有一天，一個小職員向當時的董事長石板提出了改變電扇顏色的建議。在當時，全世界的電扇都是黑色的，東芝公司生產的電扇自然也不例外。這個小職員建議把黑色改成為淺色。這一建議立即引起了石板董事長的重視。

經過研究，公司採納了這個建議。第二年夏天，東芝公司推出了一批淺藍色的電扇，大受顧客歡迎，市場上甚至還掀起了一陣搶購熱潮，幾十萬台電扇在幾個月之內銷售一空。從此以後，在日本以及全世界，電扇就不再都是統一的黑色了。

這個事例具有很強的啟發性。只是改變了一下顏色，就能讓大量滯銷的電扇，在幾個月之內迅速成為暢銷品！誰曾想到這一改變顏色的想法，效益竟如此巨大！而提出它，既不需要有淵博的知識，也不需要有豐富的商業經驗，為什麼東芝公司的其他幾萬名員工就沒人想到、沒人提出來？為什麼日本以及其他國家有成千上萬的電器公司，以前也沒人想到、沒人提出來？這顯然是因為行業慣例使然。

電扇自問世以來就以黑色示人，各廠家彼此仿效，漸漸地形成一種傳統，似乎電扇只能是黑色的，不是黑色的就不能稱為電扇。這樣的慣例與常規，反映在人們腦海中，便形成一種心理定勢。時間越長，這種定勢對人們的創新思維束縛力就越強，要擺脫它的束縛也就越困難，越需要做出更大的努力。東芝公司這位小職員所提出的建議，從思考方法的角度來看，其可貴之處在於，它突破了「電扇只能漆成黑色」這一思想定勢的束縛。

突破思想定勢，進行創新思考，這將是你成功的法寶。想要成為一名更加出色的員工，除了具備創新意識，還應該做到以下五個方面：

（一）進行自我能力評估

自己評估自己不客觀，你可找朋友和較熟的同事替你分析，如果別人的評估比你還低，那麼你要虛心接受。

（二）檢討能力無法施展的客觀原因

是大環境的限制，還是人為的阻礙？如果是機會問題，那只好繼續等待；如果是大環境的緣故，那只好選擇辭職；如果是人為因素，那麼誠懇溝通，並想想是否有得罪人之處，如果是，就要想辦法調解。

（三）不妨展示其他專長

有時「懷才不遇」是因為專長錯了，如果你有第二專長，那麼可以要求上司給你機會試試看，說不定就此打開一條生路。

（四）開拓人際關係的新局面

不要成為別人躲避的對象，應該以你的能力協助其他的同事。但要記住，幫助別人切不可居功，否則會嚇跑了你的同事。此外，謙虛客氣，廣結善緣，這將為你帶來意想不到的助力。

（五）繼續強化自我能力

當時機成熟時，你的能力就會為你帶來耀眼的光芒。

所以，最好摒棄「懷才不遇」的感覺，因為這會成為你心理上的負擔。勤奮地做你該做的事，就算是大材小用，也把它當成人生一件樂事。也請相信你的老闆，他們是不會讓有用之人輕閒度日的。

第三章　責任比能力更重要

一個員工能力再強，如果他不願意付出，他就不能為公司創造價值，而一個願意為公司全身心付出的員工，即使能力稍遜一籌，也能夠創造出最大的價值。一個人是不是人才固然很關鍵，但最關鍵的還在於這個人才是不是一個負責任的員工。一個只有能力而無責任感的人，是無用之人。

一、責任本身就是一種能力

曾任外交官的任小萍說，在她的職業生涯中，每一步都是被安排的，自己並沒有什麼自主權。但在每一個職位上，她都有自己的選擇，那就是要比別人做得更好。

大學畢業那年，她被分到英國大使館做接線生。在很多人眼裡，接線生是一個很沒出息的工作，然而任小萍在這個普通的工作職位上，做出了不平凡的業績。她把大使館所有人的名字、電話、工作範圍甚至連他們家屬的名字都背得滾瓜爛熟。當有些打電話的人不知道該找誰時，她就會多問，儘量幫他（她）準確地找到要找的人。漸漸的，大使館人員有事外出時並不告訴他們的翻譯，只打電話給她，告訴她誰會打電話來，請轉告什麼。不久，有很多公事、私事也開始委託她通知，使她成了全面負責的留言處。

有一天，大使竟然跑去找她，笑眯眯地表揚她，這可是一件破天荒的事。結果沒多久，她就因工作出色而被破格調去給英國某大報記者處做翻譯。

該報的首席記者是個很有名氣的老太太，得過戰地勳章，授過勳爵，本事大，脾氣大，甚至把前任翻譯給趕跑了，剛開始時她也不接受任小萍，看不上她的資歷，後來才勉強同意一試。結果一年後，老太太逢人就說：「我的翻譯比你的好上十倍。」不久，工作出色的任小萍又被破例調到美國駐華聯絡處，她做得同樣出色，不久即獲外交部嘉獎。

當你在為公司工作時，無論老闆安排你在哪個位置上，都不要輕視自己的工作，都要負起工作的責任來。那些在工作中推三阻四，老是埋怨環境，尋找各種藉口為自己開脫的人，對這也不滿意，那也不滿意的人，往往是職場上的被動者，他們即使工作一輩子也不會有出色的業績。他們不知道用奮鬥來負起自己的責任，而自身的能力只有透過盡職盡責的工作才能完美的展現。

能力，永遠由責任來承載。而責任本身就是一種能力。

薩拉想當一名護士，她對一位在地方醫院擔任夜間護士的鄰居羨慕不已。這位護士由於工作勤奮 —— 認真完成自己的工作，多次獲得獎勵。薩拉十分渴望能夠像這位鄰居一樣做出成績。薩拉決定向她理想中的目標邁出第一步，即穿上制服，到醫院裡去擔任服務工作。薩拉堅信自己適合做護士工作，因為在她看來，穿上制服很有趣。她總是跟同事們一起嘰嘰喳喳的聊天，在餐廳裡休息，而在履行自己的職責時則態度隨便。病人抱怨說，因為她一直看病房裡的電視，病人想喝水得需長時間地等待。她受到院方的警告，隨後就退出了服務活動。薩拉在醫院的表現狀況不佳，這對她日後進入護理學校是個不小的障礙。為了證明她有能力擔起自己的職責，她不得不比同學們做出更大的努力。

護士的工作需要極強的責任感和使命感，這是薩拉所沒有意識到的。她把護士工作視為理想，卻沒有用行動去實現這個理想。薩拉的故事告訴我們，履行職責是最大的能力，責任即能力！

一位在一家公司擔任人力資源總監的男士講述了這樣一件事情：

公司的行銷部經理帶領一支團隊參加某國際產品展示會。在開展之前，有很多事情要做，包括展場設計和布置、產品組裝、資料整理和分裝等，需要加班工作。可行銷部經理帶去的那一幫安裝工人中的大多數人，卻和平日在公司時一樣，不肯多做一分鐘，一到下班時間，就跑回賓館去了，或者逛街去了。經理要求他們做事，他們竟然說：「沒有加班費，憑什麼做啊。」甚至有更過分的還說：「你也是員工，不過職位比我們高一點而已，何必那麼賣命呢？」

在開展的前一天晚上，老闆親自來到展場，檢查展場的準備情況。

到達展場，已經是凌晨一點，讓老闆感動的是，行銷部經理和一個安裝工人正揮汗如雨的趴在地上，細心地擦著裝修時黏在地板上的油漆。而讓老闆吃驚的是，除了他們兩個外，沒有其他人在。見到老闆，行銷部經理站起來對老闆說：「我失職了，我沒能讓所有人都來參與工作。」老闆拍拍他的肩膀，沒有責怪他，指著那個工人問：「他是在你的要求下才留下來工作的嗎？」

經理把情況說了一遍。這個工人是主動留下來工作的，在他留下來時，其他工人還嘲笑他是傻瓜：「你賣什麼命啊，老闆不在這裡，你累死老闆也不會看到啊！還不如回賓館睡上一覺！」

老闆聽了沒有做出任何表示，只是叫他的祕書和其他幾名隨行人員加入到工作行列中。

當參展結束後，一回到公司，老闆就開除了那天晚上沒有參加勞動的所有工人和工作人員，同時，將與行銷部經理一同清潔的那名普通工人提拔為分廠的廠長。

我是人力資源總監，那一幫被開除的人很不服氣，來找我理論。「我們不就是多睡了幾個小時的覺嗎，憑什麼處罰這麼重？而他不過是多做了幾個小時的工作，憑什麼當廠長？」他們說的「他」就是那個被提拔的工人。

我對他們說：「用前途去換取幾個小時的懶覺，是你們的主動行為，沒有人逼迫你們那麼做，怪不得別人。而且，我可以透過這件事情推斷，平時的工作中你們也偷了很多懶。他雖然只是多做了幾個小時的工作，但據我們觀察，他一直都是一個積極主動的人，他在平日裡默默地奉獻了許多，比你們多做了許多工作，提拔他，是對他過去默默工作的回報！」

這是多麼生動的事例啊！在這裡，多一分的責任感，就多一分的回報，對於那個主動留下來的工人來說，雖然他只是一個普通員工，但是他表現出的強烈的責任感，卻是他遠勝別人的能力的表現。

二、負責才能最大限度地發揮能力

一九七〇年代中期，日本的 SONY 彩色電視在日本國內已經很有名氣了，但是在美國它卻不被顧客所接受，因此 SONY 在美國市場的銷售相當慘澹。為了改變這種局面，SONY 派出了一位又一位負責人前往美國芝加哥。那時候，日本在國際上的地位還遠不如今天這麼高，其商品的競爭力也較弱，在美國人看來，日本貨就是劣品的代名詞。所以被派出去的負責人，一個又一個空手而回，並找出一大堆藉口為自己的美國行辯解。

但 SONY 公司沒有放棄美國市場。後來，卯木肇擔任了 SONY 國外部部長。上任不久，他被派往芝加哥。當卯木肇風塵僕僕的到芝加哥市時，令他吃驚不已的是，SONY 彩色電視竟然在當地寄賣商店裡積滿灰塵，無人問津。卯木肇百思不得其解，為什麼在日本國內暢銷不已的優質產品，一進入美國竟會落得如此下場？

經過一番調查，卯木肇知道了其中的原因。原來，以前來的負責人不僅沒有努力，還糟蹋公司的形象，他們曾多次在當地的媒體上發布削價銷售 SONY 彩色電視的廣告，使 SONY 在當地消費者心中進一步形成了「低賤」、「次品」的糟糕印象，SONY 的銷量當然受到嚴重的打擊。在這種時候，卯木肇可以帶著全新的藉口回國：前幾任負責人們把市場破壞了，不是我的責任！

但他沒有那麼做，他首先想到的是如何挽救局面。要如何才能改變這種既成的印象，改變銷售的現狀呢？

經過幾天思索，卯木肇決定找一家實力雄厚的電器公司，替 SONY 電器帶來新的銷售局面。

馬歇爾公司是芝加哥市最大的一家電器零售商，卯木肇最先想到它。為了儘快見到馬歇爾公司的總經理，卯木肇第二天一早就去要求見面，但他遞進去的名片卻被退了回來，理由是經理不在。第三天，他特意選了一個估計經理比較閑的時間去，但回答卻是「外出了」。他第三次登門，經理被他的耐心所感動，接見了他，但卻拒絕賣 SONY 的產品。經理認為 SONY 的產品降價拍賣，形象太差。卯木肇非常恭敬地聽著經理的意見，並一再地表示要立即著手改變商品形象。

回去後，卯木肇立即從寄賣店取回貨品，取消削價銷售，在當地報紙上重新刊登大面積的廣告，重塑 SONY 形象。

做完了這一切後，卯木肇再次扣響了馬歇爾公司經理的門。聽到的是 SONY 的售後服務太差，無法銷售。卯木肇立即成立 SONY 特約維修部，全面負責產品的售後服務工作；重新刊登廣告，並附上特約維修部的電話和位址，二十四小時為顧客服務。

屢次遭到拒絕，卯木肇依舊沒放棄。他規定他的每位員工每天撥五次電話，向馬歇爾公司求購 SONY 彩色電視。馬歇爾公司被接二連三的求購電話搞得暈頭轉向，導致員工誤將 SONY 彩色電視列入「待交貨名單」。這令經理大為惱怒，這一次他主動見了卯木肇，一見面就大罵卯木肇擾亂了公司的正常工作秩序。卯木肇笑逐顏開，等經理發完火之後，他才對經理說：「我幾次來見您，一方面是為本公司的利益，但同時也是為了貴公司的利益。在日本國內最暢銷的 SONY 彩色電視，一定會成為馬歇爾公司的搖錢樹。」在卯木肇的巧言善辯下，經理終於同意試銷兩台，不過，條件是如果一週之內賣不出去，立刻搬走。

為了有好的開始，卯木肇親自挑選了兩名得力手下，把百萬美金訂貨的重任交給了他們，並要求他們破釜沉舟，如果一週之內這兩台彩色電視賣不出去，就不要再回公司了……

兩人果然不負眾望，當天下午四點鐘，兩人就送來了好消息。馬歇爾公司又追加了兩台。至此，SONY 彩色電視終於擠進了芝加哥的商店。隨後，進入家電的銷售旺季，短短一個月內，竟賣出七百多台。SONY 和馬歇爾從中獲得了雙贏。

馬歇爾的成功，使芝加哥市的一百多家商店開始銷售 SONY 的彩色電視，不出三年，SONY 彩色電視在芝加哥的市場占有率達到了百分之三十。

當要執行任務時，逃避責任的人會對自己或同伴說「算了，太困難了，到時老闆問起來，我們就說缺乏條件」，或者說「不去做了，到時跟老闆說人手不夠」。這樣的員工，多麼令人失望啊，他們不僅是逃避責任，更是對自己能力的踐踏，對自己開拓精神的扼殺。逃避責任的人，也許可以得到暫時不執行任務的「清閒」，但卻失去了重要的成長機會，什麼都不做，到哪去學習技能，哪去累積經驗呢？

更令人失望的是，在很多公司裡，業務員早上在公司報到後，便跑出去喝咖啡，甚至進賭場，下午下班前再回公司「彙報」工作，上司問他要找的客戶找到沒有，他就說「客戶不在」、「客戶沒空，約好明天見」、「來不及，今天走訪的客戶太多」。

有責任感的員工富有開拓和創新精神，他絕不會在沒有努力的情況下，就事先找好藉口。他會想盡一切辦法完成公司給的任務。不具備條件，他們會創造條件；人手不夠，他知道多做一些、多付出一些精力和時間。他們不管被派去哪裡，都不會無功而返，都會在不同的職位上讓能力展現出最大的價值。

三、明確責任才能更好地承擔責任

傳說上帝在創造了世界之後，也創造了動物，於是召開動物大會，給動物安排壽命。上帝說：「人的壽命是二十年，牛的壽命是三十年，雞的壽命是二十五年。」

人說：「上帝呀，我非常尊敬您，但是我的壽命也太短了，人生的很多樂趣我們無法享受啊。」上帝還沒有說話，牛就說了：「上帝呀，我每天都要幹活，您給我三十年的壽命，我就要做三十年的工，太辛苦了，能不能少點。」雞也說：「我每天報曉也很辛苦，能不能少點壽命。」上帝說：「好吧，牛和雞，那就把你們二十年的壽命給人吧。」從此以後，人就有了六十年的壽命。在前二十年「像人一樣」快樂地活著，下一個二十年是為家庭活著，像牛一樣辛勞，最後二十年是像報曉的雞一樣，起來得最早，叫全家人起床。

我們每一個人都有責任。有些責任是與生俱來的，有些責任是因為工作、朋友而產生的，這些責任是每個人推脫不掉的。

在這個世界上，沒有不需承擔責任的工作，相反，你的職位越高、權利越大，你肩負的責任就越重。不要害怕承擔責任，要下定決心，你一定可以承擔任何正常職業生涯中的責任，你一定可以比前人完成得更出色。

只有認清自己的責任，才能知道該如何承擔自己的責任，正所謂「責任明確，利益直接」。也只有在認清自己的責任時，才能知道自己究竟能不能承擔責任。因為，並不是所有的責任自己都能承擔的，也不會有那麼多的責任要你來承擔，生活只是把你能夠承擔的那一部分給你。

學會認清責任，是為了更好地承擔責任。首先要知道自己能夠做什麼，然後才知道自己該如何去做，最後再去想我怎樣做才能夠做得更好。

在一家公司裡，每個人都有自己的責任。但要區分責任和責任感是不一樣的概念，責任是對任務的一種負責和承擔，而責任感則是指一個人對待任務的態度，一個員工不可能去為整個公司的生存承擔責任，但你不能說他缺乏責任感。所以，認清每一個人的責任是很必要的。

認清自己的責任，還有一點好處就是，有可能減少對責任的推脫。只有責任界限模糊的時候，人們才容易互相推卸責任。尤其在公司裡更要明確責任。

在一個公司裡工作，首先你應該清楚你在做些什麼。只有做好自己分內工作的人，才有可能再做一些別的什麼。相反，一個連自己工作都做不好的人，怎麼能讓他擔當更重責任呢？總有一些人認為，別人能做的自己也能做，事實上，就是這樣的一些人才什麼也做不好。

一位成功學的大師說過：「認清自己在做些什麼，就已經完成了一半的責任。」

亨利是一家行銷公司中優秀的行銷員。他所在的部門裡，曾經因為團隊工作的精神十分出眾，而使每一個人的業務成績都特別突出。

後來，這種和諧而又融洽的氛圍被亨利破壞了。

前一段時間，公司的高層把一項重要的專案安排給亨利所在的部門，亨利的主管反覆斟酌考慮，猶豫不決，最終沒有拿出一個可行的工作方案。而亨利則認為自己對這個專案有了十分周詳且容易操作的方案。為了表現自己，他沒有與主管商量，更沒有向他提供自己的方案。而是越過他，直接向總經理說明自己願意承擔這項任務，並向他提出了可行性方案。

他的這種做法，嚴重地傷害了部門經理的感情，破壞了團隊精神。結果，當總經理安排他與部門經理共同負責這個專案時，兩個人在工作上不能達成一致意見，產生了重大的分歧，導致團隊內部出現了分裂，團隊精神渙散。專案最終也在他們手中失敗了。

這個事例說明的是一個人如果沒有認清自己的責任，對公司造成的損害是非常大的。沒有做好自己分內的工作是沒有認清自己的責任，同樣，推卸自己的責任也是如此。

詹姆斯·麥迪遜（James Madison）獨具慧眼，在《聯邦黨人文集》第六十三節中給「責任」作了明確的界定：「責任必須限定在責任承擔者的能力範圍之內才合乎情理，而且必須與這種能力的有效運用程度相關。」不成熟的人還不能完全具有承擔責任的能力。

這是一個不言而喻的道理：世上做過的事都是由某些人去做的，這些人有能力去完成它。我們必須獨自承擔或與他人共同承擔的責任，依社會結構和政治體制而變更，但唯有一點不會改變——越是成熟，責任越重。

四、責任永遠承載著能力

喬治畢業後，到一家鋼鐵公司工作還不到一個月，就發現很多煉鐵的礦石並沒有得到完全充分的冶煉，一些礦渣中還殘留沒有被冶煉好的鐵。他覺得如果這樣下去，公司會有很大的損失。

於是，他找到了負責這項工作的工人，跟他說明了問題，這位工人說：「如果技術有了問題，工程師一定會跟我說，現在還沒有哪一位工程師向我說過這個問題，說明現在沒有問題。」

喬治又找到了負責技術的工程師，對工程師說明了他看到的問題。工程師很自信地說他們的技術是世界上一流的，怎麼可能會有這樣的問題。工程師並沒有重視他的話，還暗自認為，一個剛畢業的大學生，能明白多少，不過是想博得別人的好感而表現自己罷了。

但是喬治認為這是個很重要的問題，於是他拿著沒有冶煉好的礦石找到了公司負責技術的總工程師，他說：「先生，我認為這是一塊沒有冶煉好的礦石，您認為呢？」

總工程師看了一眼，說：「沒錯，年輕人，你說得對。哪裡來的礦石？」

喬治說：「是我們公司的。」

「怎麼會，我們公司的技術是一流的，怎麼可能會有這樣的問題？」總工程師很詫異。

「工程師也這麼說，但事實確實如此。」喬治堅持道。

「看來是出問題了。怎麼沒有人向我反映？」總工程師有些生氣了。

總工程師召集負責技術的工程師來到工廠，果然發現了一些沒有充分冶煉的礦石。經過檢查發現，原來是監測機器的某個零件出現了問題，才導致了冶煉的不充分。

公司的總經理知道了這件事之後，不但獎勵了喬治，而且還晉升喬治為負責技術監督的工程師。總經理感慨地說：「我們公司並不缺少工程師，但缺少的是負責任的工程師，這麼多工程師沒有一個人發現問題，而且有人提出了問題，他們還不以為然。對於一個公司來講，人才是重要的，但是更重要的是真正有責任感的人才。」

喬治從一個剛畢業的大學生成為負責技術監督的工程師，

可以說是飛黃騰達，他能獲得成功第一步就是來自於他的責任感，正如公司總經理所說，公司並不缺少工程師，並不缺乏能力出色的人才，但缺乏負責任的員工，從這個意義上說，喬治正是公司最需要的人才。他的責任感讓他的長官認為可以對他委以重任。

如果你的上級讓你去執行某一個命令或者指示，而你卻發現這樣做可能會大大影響公司利益，那麼你一定要理直氣壯地提出來，不必去想你的意見可能會讓你的上司生氣或者就此頂撞了你的上司。大膽地說出你的想法，讓你的上司明白，作為員工，你不是在刻板地執行他的命令，你一直都在斟酌考慮，考慮怎樣做才能更好地維護公司的利益和上級的利益。同樣，如果你有能力為公司創造更多的效益或避免不必要的損失，你一定要付諸行動。因為，沒有哪一個上級會因為員工的責任感而批評或者責難你。相反，你的上級會因為你的責任感而對你另眼相看。因為一種職業的責任感會讓你的能力得到充分的發揮，這種人將被委以重任，而且大概永遠不會失業。

一個管理過磅稱重的小職員，也許會因為懷疑計量工具的準確性，而使計量工具得到修正，從而為公司挽回巨大的損失，儘管計量工具的準確性屬於總機械師的職責範圍。正是因為這種責任感，才會讓你得到別人的刮目相看，或許這正是你脫穎而出的一個好機會。相反，如果你沒有這種責任意識，也就不會有這樣的機會了。成功，在某種程度上說，就是來自責任。

一家公司的人力資源部主管正在對應聘者進行面試。除了專業知識方面的問題之外，還有一道在很多應聘者看來似乎是小孩子都能回答的問題。不過正是這個問題將很多人拒之於公司的大門之外。題目是這樣的：

在你面前有兩種選擇，第一種選擇是，擔兩擔水上山給山上的樹澆水，你有這個能力完成，但會很費力。還有一種選擇是，擔一擔水上山，你會輕鬆自如，而且你還會有時間回家睡一覺。你會選擇哪一個？

很多人都選擇了第二種。

當人力資源部主管問道：「擔一擔水上山，沒有想到這會讓你的樹苗很缺水嗎？」遺憾的是，很多人都沒想到這個問題。

一個年輕人卻選了第一種做法，當人力資源部主管問他為什麼時，他說：「擔兩擔水雖然很辛苦，但這是我能做到的，既然能做到的事為什麼不去做呢？何況，讓樹苗多喝一些水，它們就會長得很好。為什麼不這麼做呢？」

最後，這個年輕人被留了下來。而其他的人，都沒有通過這次面試。

該公司的人力資源部主管解釋：「一個人有能力或者透過一些努力就有能力承擔兩份責任，但他卻不願意這麼做，而只選擇承擔一份責任，因為這樣可以不必努力，而且很輕鬆。這樣的人，我們認為他是一個責任感較差的人。」

當你能夠盡自己的努力承擔兩份責任時，你所得到的收穫可能就是一片樹林，相反，你看起來也在做事，可是由於沒有盡心盡力，你所獲得的可能就是荒蕪。這就是責任感不同的差距。

這個題目很簡單，但裡面蘊含著豐富的內容，往往越是簡單的問題越能看到一個人的本質。因為簡單，就無須考慮，發自內心的回答，就越能檢驗出一個人的真實品性。

如果你有能力承擔更多的責任，就別為只承擔一份責任而慶幸，因為你只知道這樣會很輕鬆，但卻不知道會為此失去更多的東西。

責任承載能力，如果你有能力承擔更多的責任，而你慶幸自己只承擔了一份，那麼，首先你是一個不願意承擔責任的人；其次，你拒絕讓自己的能力有更大的進步，甚至是對自己有所超越；再次，你先放棄了自己，然後放棄了能夠承擔更多責任的義務；最後，你辜負了別人也辜負了自己，因為你的能力永遠由責任來承載，也因責任而得到展現，你與成功的距離不但不會接近，反而會一天天拉遠。

五、一盎司的責任勝過一磅智慧

一家外貿公司的老闆要到美國辦事，且要在一個國際性的商務會議上發表演說。他身邊的幾名要員忙得頭暈眼花，甲負責草擬演講稿，乙負責擬訂一份與美國公司的談判方案，丙負責後勤工作。

在睡眼惺忪的說道：「今早只睡四個小時，我實在撐不住就睡著了。反正我負責的檔是以英文撰寫的，老闆看不懂英文，在飛機上不可能讀過一遍。待他上飛機後，我回公司去把檔打好，再以郵件傳去就可以了。」

誰知轉眼之間，老闆到了。第一件事就問這位主管：「你負責的那份檔和資料呢？」這位主管按他的想法回答了老闆。老闆聞言，臉色大變：「怎麼會這樣？我打算利用在飛機上的時間，與同行的外籍顧問研究一下自己的報告和資料，別浪費坐飛機的時間呢！」

甲的臉色一片慘白。

到了美國後，老闆與要員一同討論了乙的談判方案，整個方案不但全面而且很有針對性，既包括了對方的背景調查，也包括了談判中可能發生的問題和策略，還包括如何選擇談判地點等很多細緻的因素。乙的這份方案大大超過了老闆和眾人的期望，誰都沒見到過這麼完備而又有針對性的方案。後來的談判雖然艱苦，但因為對各項問題都有仔細的準備，所以這家公司最終贏得了談判。

出差結束回國後，乙得到了老闆的重用，而甲卻受到了老闆的冷落。

真正優秀的人總比常人多走一步路，可以說，只是多承擔了一盎司的責任（盎司是英美制重量單位，一盎司等於十六分之一磅），然而這一盎司的責任感，卻往往勝過一磅的智慧。

在上面的事例裡，甲與乙所負責的工作都與老闆的事務密切相關。但是甲卻疏忽了老闆行程安排上可能會有的變故，不但耽誤了老闆的工作，給公司帶來了麻煩和損失，也破壞了自己在老闆心目中的地位。而乙完備而周詳的方案則顯示出乙對公司高度的責任感。其實，同甲相比，乙不過是多承擔了一盎司的責任而已，其結果卻大不相同。

有一個公司的經理已經七十多歲了，還經常來往於世界多個國家，處理各項事務，而且樂此不疲。他總是告訴年輕人說，他還可以做得更好，正是這種精神成就了他的事業。

曾經看過一條新聞，某一家醫院在同一天為兩個患不同病症的兒童做手術。由於手術時間只相差十幾分鐘，當時又只有一輛手推車，護士懶得跑兩趟，便把兩個患者放在同一輛車上，進入手術室後也未核對患者病史資訊，就隨意把兩人放到兩個不同的手術台上。結果，要做扁桃體肥大摘除手術的患者失去了膽囊，另一位喉管正常的兒童卻留下了咽部殘疾。

這個故事發人深省，這位護士在履行職責時只差了一點點，然而結果卻截然不同。這就是僅缺少一盎司的責任感所造成的後果。

巴頓將軍（George Smith Patton）在他的戰爭回憶錄《我所知道的戰爭》中曾寫到一個細節：

「我要提拔人時，常常把所有的候選人排到一起，給他們提一個我想要他們解決的問題。我說：『我要在倉庫後面挖一條戰壕，八英尺長，三英尺寬，六英寸深。』我就告訴他們那麼多。我有一個有窗戶的倉庫。候選人正在檢查工具時，我走進倉庫，透過窗戶觀察他們。我看到他們把鍬和鎬都放到倉庫後面的地面上。他們休息幾分鐘後，開始議論我為什麼要他們挖這麼淺的戰壕。他們有的說六英寸深怎麼能當火炮掩體，其他人爭論說這樣的戰壕太熱或太冷。他們抱怨不該做挖戰壕這麼普通的體力勞動。最後，有個人對其他人下命令：『讓我們把戰壕挖好後離開這裡吧。那個老傢伙想用戰壕做什麼跟我們都沒關係。』」

最後，巴頓告訴大家，那個人得到了提拔。

這個人並沒有問挖這樣一條戰壕的目的是什麼，他只是根據服從的觀念，開始動手將挖戰壕的事付諸行動。而其他的人則首先開始思考。

在西點軍校，即使是立場最自由的旁觀者，都相信一個觀念，那就是「不管叫你做什麼都照做不誤」，這樣的觀念就是服從的觀念。服從命令是軍人的天職，也是他們最大的責任。

商場如戰場，服從的觀念在公司界同樣適用。每一位員工都必須服從上級的安排，就如同每一個軍人都必須服從上司的指揮一樣，服從的人必須暫時放棄個人的獨立自主，全心全意去遵循所屬機構的價值觀念，這就是員工的責任。大到一個國家、軍隊，小到一個公司、部門，成員是否能夠堅決的履行他們的責任將決定其成敗。即使是細微的地方，一點責任感的缺失，都會給員工自己和公司造成意想不到的後果，這個時候，每個員工都需要牢記：「一盎司的責任感勝過一磅智慧。」

六、責任更勝於能力

有一位偉人曾經說過：「人生所有的履歷都必須排在勇於負責的精神之後。」責任能夠讓一個人具有最佳的精神狀態，精力旺盛的投入工作，並將自己的潛能發揮到極致。

一位化妝品公司的老闆費拉爾先生高價聘請了一位叫傑西的副總裁，傑西非常有能力，但到公司一年多，卻幾乎沒有創造什麼價值。

傑西的確是一個人才，從他的檔案上顯示，他畢業於哈佛大學，到費拉爾公司之前，曾經在三家公司擔任高階主管。他非常擅長資本運作，曾經帶領一個五人團隊，用三年時間將一個二十人的小公司發展成為員工上千人、年營業額五億多美元的中型公司，創造了令同行稱道的「傑西速度」；在一九九八年至二〇〇〇年間，他更是在華爾街掀起一陣「傑西旋風」。

如此出色的人才，怎麼會創造不了價值呢？

「在個人能力方面，我是絕對信任他的。」費拉爾先生說。

「你瞭解他具備哪些能力嗎？」一位人力資源諮商師問他。

「當然瞭解，在請他來之前，我是非常慎重的，我請專業獵頭公司對他進行了全面的能力測試，測試結果令我非常滿意。」費拉爾說，他還詳細列舉了傑西具備的各種能力，並舉出了傑西以前工作中的很多成功案例來佐證。

確實，費拉爾先生對傑西的能力是非常瞭解和倚重的，但是作為一名高階主管，傑西所需要的，絕不僅僅是薪水，單靠薪水，是難以建立他這種綜合能力很高的人才的責任感的。後來經過深入的溝通，那位諮商師發現，傑西是一個勇於接受挑戰的人，工作的難度越高，越能激起他奮鬥的欲望，他隨時都有一種準備衝鋒陷陣的熱情。應該說，這樣的人才是公司的寶貴財富。

「在進入公司之初，我滿懷熱情，決心做一番大事業，可後來，我發現一切都不是我想像的那樣，越來越覺得沒動力，對公司漸漸失去了認同，對自己的工作也失去了認同。」傑西終於說出了心裡的想法。他說：「我希望有個能夠放開手腳大展鴻圖的工作環境，而不喜歡太多束縛。」

原來，傑西的上司費拉爾先生有兩個致命的弱點：一是對所用之人難以放心，害怕能人挖公司的牆腳；二是喜歡親力親為，經常越級指揮。在很多事情上，使傑西感覺自己形同虛設。

傑西最需要的，應該是需求層次中的「自我實現的需求」，如果能夠以業績來證明自己，就是他人生最大的快樂。

找到問題後，諮商師把費拉爾和傑西請到一起，共同分析公司授權和指揮系統方面的問題，明確了作為董事長兼總裁的費拉爾的職權範圍和作為副總裁的傑西的職權範圍，共同制定了公司的授權制度，以及組織指揮原則。透過他們的共同努力，情形發生了很大的變化。傑西幾乎是變了一個人，他做出了很多成績，而且，費拉爾先生和他已經成了不可分離的親密戰友。

這個案例很具有啟發意義，傑西的轉變，使他自身出眾的才能得以充分發揮。而促使他轉變的關鍵因素，則是重新喚起了他對公司的責任感。

實際上，傑西本人是極富責任感的 —— 當然，他的能力也是一流的，但他在費拉爾先生的公司裡起初的無所作為和之後的成功表現證明了責任勝於能力。

責任勝於能力！然而，讓我們感到萬分遺憾的是，在現實生活以及工作中，責任經常被忽視，人們總是片面地強調能力。

的確，戰場上直接打擊敵人的，是能力；商場上直接為公司創造效益的，也是能力。而責任，似乎沒有起到直接打擊敵人和創造效益的作用。可能正是因為這一點，導致人們重能力輕責任。

人力資源面試官在招聘新職員時，關注的總是「你有什麼能力」、「你能勝任什麼工作」、「你有什麼特長」之類關於能力方面的問題，而很少關注「你能融入到我們公司的文化中嗎」、「你認同我們公司的理念嗎」、「你如何理解對公司的熱愛」等關於責任的問題。

主管們在分派任務時，也在無意識中犯著類似的錯誤。他們過分強調員工「能夠做什麼」，而忽視了員工「願意做什麼」。

一個員工能力再強，如果他不願意付出，他就不能為公司創造價值，而一個願意為公司全身心付出的員工，即使能力稍遜一籌，也能夠創造出最大的價值。這就是我們常說的「用 B 級人才辦 A 級事情」，「用 A 級人才卻辦不成 B 級事情」。一個人是不是人才固然很關鍵，但最關鍵的還是在於這個人才是不是一個負責任的員工。

責任勝於能力，並不是對能力的否定。一個只有責任感而無能力的人，是無用之人。而責任則需要用業績來證明，業績是靠能力所創造。對一個公司來說，員工的能力和責任都是必須的。

卡爾先生是美國一家航運公司的總裁，他提拔了一位非常有潛質的人到一個生產落後的船廠擔任廠長。可是半年過後，這個船廠的生產狀況依然不能夠達到生產標準。

「怎麼回事？」卡爾先生在聽了廠長的彙報之後問道，「像你這樣能幹的人才，為什麼不能拿出一個可行的辦法，激勵他們完成規定的生產標準呢？」

「我也不知道。」廠長回答說，「我曾用增加獎金的方法引誘，也曾經用強迫壓制的手段威逼，甚至以開除或責罵的方式來恐嚇他們，無論我採取什麼方式，都改變不了工人們懶惰的現狀。他們就是不願意做事，實在不行就招聘新人，讓他們走人吧！」

這時恰逢太陽西沉，夜班工人已經陸陸續續往廠裡走來。「給我一支粉筆，」卡爾先生說，然後他轉向離自己最近的一個日班工人，「你們今天完成了幾個生產單位？」

「六個。」

卡爾先生在地板上寫了一個大大的、醒目的「六」字後，一言不發的就走了。當夜班工人進到工廠時，他們一看到這個「六」字，就問是什麼意思。

「卡爾先生今天來這裡視察，」日班工人說，「他問我們完成了幾個單位的工作量，我們告訴他六個，他就在地板上寫了這個六字。」

次日早晨卡爾先生又走進了這個工廠，夜班工人已經將「六」字擦掉，換上了一個大大的「七」字。下一個早晨日班工人來上班的時候，他們看到一個大大的「七」字寫在地板上。

夜班工人以為他們比日班工人好，是不是？好，他們要給夜班工人一點顏色瞧瞧！他們全力以赴地加緊工作，下班前，留下了一個神氣活現的「十」字。生產狀況就這樣逐漸好了起來。不久，這個一度是生產落後的工廠比公司別的工廠產出還要多。

卡爾先生就這樣巧妙的達到了提升生產效率的效果，是因為他用一個數字激起了員工對公司的責任意識。而這種責任感使得員工充分發揮出他們的能力，創造出驕人的業績。

七、負責任的人一定能夠成功

缺乏責任感，頻繁地跳槽直接受到損害的是公司，但從更深層次的角度來看，對個人造成的傷害更深，無論是個人資源的累積，還是養成「這山望著那山高」的習慣，都使員工價值有所降低。

如果說，智慧和勤奮像金子一樣珍貴的話，那麼還有一種東西更為珍貴，那就是責任。對自己的公司，自己的工作負責任，某種意義上，就是對自己的事業負責任，就是以不同的方式為一種事業做出貢獻。責任體現在工作主動、責任心強、仔細周到地體察老闆和上司的意圖。責任還有一個最重要的特徵，就是不以此作為尋求回報的籌碼。

許多老闆在用人時，既要考察其能力，更看重個人特質，而特質最關鍵的就是責任感。一個負責任的人十分難得，一個既負責任又有能力的人更是難求。負責任的人無論能力大小，老闆都會給予重用，這樣的人走到哪裡都有條條大路向他們敞開。相反，能力再強，如果缺乏責任感，也往往被人拒之門外。畢竟在人生事業中，需要用智慧來做出決策的大事很少，需要用行動來落實的小事甚多。少數人需要智慧加勤奮，而多數人卻要靠責任的勤奮。

許多公司花費了大量資源對員工進行培訓，然而當他們累積了一定的工作經驗後，往往一走了之，有些甚至不辭而別。那些留在公司的員工則整天抱怨公司和老闆無法提供良好的工作環境，將所有責任全部歸咎於老闆。但是，我們卻發現，在管理機制良好的公司，跳槽現象也頻繁發生，員工同樣也不安分。因此，我們將視線轉移到員工的心態上，而我們發現，大多數情況下，跳槽並非公司和老闆的責任，更多在於員工對於自身目標以及現狀缺乏正確的認知。他們高估了自身的實力，以及對那些向他們頻頻揮手的公司抱有過高的期望。

當這種風氣蔓延到整個商業領域時，許多具有一定責任感的員工也受到傳染而投入跳槽大軍中，使整個職業環境持續惡化。

著名銀行家克拉斯年輕時也不斷在換工作，但是他始終抱有一種理想 —— 管理一家大銀行。他曾經做過交易所的職員、木料公司的統計員、會計員、收帳員、出納員、業務員等等，試了一樣又一樣，最後才接近自己的目標。

他說：「一個人可以有好幾條不同路徑到達自己的目的地。如果能在一個公司裡學到自己所需的一切知識和經驗當然很好，但大多數情況下需要經常變化自己的工作環境。面對這種情況，我認為必須懂得自己想要做什麼，為什麼要這樣做。」

「如果我換工作僅是為了每週多賺幾塊錢，恐怕我的將來早為現在而犧牲了……我之所以換工作，完全是因為現在的公司和老闆無法再給我帶來更多的教益了。」

一個頻繁轉換工作的人，在經歷了多次跳槽後，發現自己不知不覺中形成了一種習慣：工作中遇到困難想跳槽；人際關係緊張也想跳槽；看見好工作（無非是多賺一點錢）想跳槽；有時甚至莫名其妙就是想跳槽，總覺得下一個工作才是最好的，似乎一切問題都可以用轉移陣地來解決。這種感覺使人常常產生跳槽的衝動，甚至完全不負責任地一走了之。

久而久之，自己不再勇於面對現實，不再積極克服困難了，而是在一些冠冕堂皇的理由下逃避、退縮。這些理由無非是不符合自己的興趣愛好啦、老闆不重視啦、時運不濟啦、懷才不遇啦、別人不理解啦等，幻想著到下一個新的公司後所有問題都迎刃而解了。

一位成功學家說：「如果你是負責任的，你就會成功。」負責任是一種美德，一個對公司負責任的人，實際上不是純粹忠於一個公司，而是忠於人生的幸福。

健全的品格使你不會為自己的聲譽擔憂。正如湯馬斯・傑弗遜（Thomas Jefferson）所說：成功之人就是敢做的人。如果你由衷相信自己的品格，確定自己是個誠實可信、和善、謹慎的人，內心就會產生非凡的勇氣，而無懼他們對你的看法。

負責任是人類最重要的美德之一。對自己的公司負責，對自己的老闆負責，與同事們同舟共濟，將獲得一種集體的力量，人生就會變得更加飽滿，事業就會變得更有成就感，工作就會成為一種人生享受。相反，那些表裡不一、言而無信之人，整天陷入爾虞我詐的複雜人際關係中。在上下級之間、同事之間玩弄各種技術的陰謀，即使一時得以提升，取得一點成就，但終究不是一種理想的人生和令人愉悅的事業，最終受到損害的還是自己。

對於公司來說，責任能帶來效益，增強凝聚力，提升競爭力，降低管理成本；對於員工來說，責任能帶來安全感。因為責任，我們不必時刻繃緊神經；因為責任，我們對未來會更有信心。

八、與你的公司同命運

王某在一家房地產公司做電腦打字員，她長得並不好看，學歷也不高。王某的打字室與老闆的辦公室之間只隔著一片大玻璃，老闆的舉止只要她想就可以看得清清楚楚，但她很少向那邊多看一眼。她每天都有打不完的資料，王某知道工作認真是她唯一可以和別人競爭的資本。她處處為公司打算，影印紙捨不得浪費一張，如果不是重要的文件，她會一張影印紙兩面使用。

一年後，公司資金營運困難，員工薪水開始付不出來，人們紛紛跳槽，最後，總經理辦公室的工作人員就剩下她一個。有一天，王某走進老闆的辦公室，直截了當地問老闆：「您認為您的公司已經倒了嗎？」老闆很驚訝，說：「沒有！」「既然沒有，您就不應該這樣消沉。現在的情況確實不好，可是很多公司面臨著同樣的問題，並非只有我們一家這樣。而且雖然您的六百萬元花在工程上，成了一筆死錢，可公司沒有全死呀！我們不是還有一個公寓企劃嗎？只要好好做，這個企劃就可以成為公司重整旗鼓的開始。」說完她拿出那個專案的策劃文案。隔了幾天，王某被派去做那個企劃。兩個月後，那片位置不算好的公寓全部先期售出，王某為公司拿到五千八百萬元的支票，公司終於有了起色。

之後的三年內，王某作為公司的副總經理，幫老闆做了好幾個大專案，又趁閒暇時，炒了大半年股票，為公司淨賺了四百八十萬元。又過了五年，公司改成股份制，老闆當了董事長，王某則成了新公司第一任總經理。

當有人問王某如何透過炒股為公司獲利時，她的回答只有簡單的四個字：「一要用心，二沒私心。」的確如此，你如果一面在為公司工作，一面在打著個人的小算盤，怎麼能讓公司獲利呢？世上有些道理本是相通的。比如，夫妻雙方應該彼此負責，才能感受幸福，公司和員工也只有彼此負責，才能相互促進，有好的發展。我們在任何時候都不能失去責任心，因為它是公司成功的基石，也是個人發展的必需。

海軍陸戰隊在其成長過程中，多次面臨被解散的危機。安德魯．傑克遜（Andrew Jackson）是第一位提議撤銷海軍陸戰隊，並在一八二九年設法實施提議的美國總統。在第二次世界大戰後，哈裡．杜魯門（Harry S. Truman）總統也做了同樣的事情，他簽署了一項由陸軍擬定的計畫，該計畫準備將所有的武裝部隊合併成一個戰爭部隊，並由一個人統一指揮，這意味著海軍陸戰隊的消失。但是，海軍陸戰隊每一次都以負責任和作戰能力證明了他們存在的價值，並且發展成為美國首屈一指的「精銳部隊」。

「海軍陸戰隊為什麼能夠挺過一次又一次被解散的難關，成長為美國的『精銳部隊』？是因為有一批世界一流的士兵和軍官在伴隨著海軍陸戰隊的成長！」羅爾傑斯上尉對洛里．西爾弗及其他新兵說。

是啊，如果沒有海軍陸戰隊隊員的成長，哪來海軍陸戰隊的成長呢？反之，沒有海軍陸戰隊的嚴格訓練，又哪來具備世界一流作戰能力的海軍陸戰隊隊員呢？

後來，洛里．西爾弗在從事公司顧問工作期間，他經常把羅爾傑斯上尉的話講給公司的老闆和員工聽。

「公司和員工是一個共同體，公司的成長，要依靠員工的成長來實現；員工的成長，又要依靠公司這個環境。公司興，員工興；公司衰，員工衰。微軟是這樣，IBM 是這樣，沃爾瑪也是這樣，所有公司都是這樣。」洛里．西爾弗說。

確實，微軟、IBM、沃爾瑪……這些公司能夠成長為世界一流的公司，是因為始終有一批世界一流的員工在與公司一起奮鬥，與公司共命運。

只有與公司共患難，才可能與公司同成長。不要在公司困難時當逃兵，最令人陶醉的成就，是那些歷經艱難才取得的成就。

柯達的建議制度舉世聞名，這項制度的誕生，只因一位堪稱「永遠負責」的員工對玻璃窗的關心。

一八八〇年，喬治．伊士曼（George Eastman）建立了柯達公司。剛開始的時候，公司只是一個擁有幾十人的小公司。如何才能把公司規模擴大，這是喬治一直思考著的問題。一八八九年的一天，喬治收到了一個普通工人寫給他的建議書。這份建議書的內容不多，字跡看起來也不怎麼工整，但卻讓他眼前一亮。

這個工人的建議書是這樣寫的：「建議把生產部門的玻璃擦乾淨。」

對於這樣的問題，很多管理者都不太可能放在眼裡，甚至會認為工人小題大做。以前喬治就是這樣的，他會認為擦玻璃完全是一件小得不能再小的事情。

但這次卻不一樣，他從這裡面看到了其中的意義，看到了公司的發展。他會心一笑，這正是員工忠誠的表現啊。他馬上召開大會，親自為這個工人頒發獎金。會後，喬治促成相關部門制定了員工建議制度，這項制度一直沿用至今，在過去一百多年時間裡，公司員工提出的建議接近兩百萬個，其中被公司採納的超過六十萬個，這些建議為公司節省了大量的資金，僅僅一九八三和一九八四兩年間，公司因為採納合理的建議所省下的資金就高達一千八百五十萬美元。

在新加坡一家大酒店，也發生了一個很典型的案例。

有一天下午兩點鐘，酒店咖啡廳裡來了四位客人，他們拿著資料，非常認真地討論著問題。但從兩點半開始，咖啡廳裡的客人越來越多，聲音越來越嘈雜。一位服務生碰巧經過那四位客人身邊，聽見其中一位客人在大聲說：「什麼？再說一遍，太吵了，我聽不清楚！」按理說，這件事與服務生是毫無關係的，客人自願選擇在人多嘈雜的咖啡廳談論事情，酒店也沒有責任。但是，這位服務生想到了「永遠負責」，關心每一位顧客，就是對公司負責的具體體現啊，於是，她拿起電話找到客服部經理，詢問有沒有空房間，以便暫時借給這四位客人用一下。客服部立即免費提供了一間客房。

兩天後，酒店總經理收到四位客人寫的一封感謝信：

「感謝貴酒店前天提供的服務！我們簡直受寵若驚，我們體會到了什麼是世界上最好的服務。擁有如此優秀的員工，是貴酒店的驕傲。我們四個人是貴酒店的常客，從此，除了我們將永遠成為您最忠實的顧客之外，我們所屬公司以及海外的來賓，亦將永遠為您宣傳。」

與公司同命運是員工責任的體現，更應該成為每一個公司職員的工作箴言。

與公司同命運並不是空洞的口號，更不是口頭上表示負責，而是體現在具體的工作中。公司是一條航行於驚濤駭浪中的船，每一個員工都是船上的水手，一旦上了這條船，員工的命運就和公司的命運緊緊拴在一起了，它需要所有的船員（員工）全力以赴把船划向成功的彼岸！

第四章　責任體現忠誠的價值

一個人的忠誠不僅不會失去機會，相反會贏得機會。除此之外，還能贏得別人的尊重和敬佩。人們應該意識到，取得成功的因素最重要的不是一個人的能力，而是優良的道德感。責任感源於忠誠。沒有忠誠，責任感就無從說起，沒有責任感，你就會在誘惑面前把持不住自己。

一、做一個懂得感恩的人

人們往往為一個陌生人的小小幫助而感激不盡，卻無視於朝夕相處的老闆的種種恩惠，將一切視為理所當然。

許多成功人士在談到自己的成功經歷時，往往過分強調個人努力因素。事實上，每個登峰造極的人，都獲得過許多人的幫助。一旦你設定出成功目標並且付諸行動之後，你就會發現自己獲得許多意料之外的支持。你應該時常感謝這些幫助你的人，感謝上天的眷顧。

生而為人，要感謝父母的恩惠，感謝師長的恩惠，感謝社會的恩惠；沒有父母養育，沒有師長教誨，沒有社會助益，我們何能存於天地之間？所以，感恩不但是美德，感恩是一個人之所以為人的基本條件！

有些年輕人，從出生開始，都是受父母的呵護，受師長的教導。他們對世界未有一絲貢獻，卻滿腹牢騷，抱怨不已，看這不對，看那不好，視恩義如草芥，只知道索取，不知道回報，足見其內心的貧乏。

有些中年人，雖有老闆的提攜，自己未能發揮所長，貢獻於社會，卻不滿現實，有諸多委屈，好像別人都對不起他，憤憤不平。因此，在家庭裡，難以成為和藹的家長；在社會上，難以成為稱職的員工。

羔羊跪乳，烏鴉反哺，動物尚且懂得感恩，何況我們作為萬物之靈的人類呢？我們從家庭到學校，從學校到社會，重要的是要有感恩之心。我們教導孩子，從小就要讓他知道所謂「一粥一飯，當思來處不易；半絲半縷，恆念物力維艱。」目的就是要他懂得感恩。

感恩已經成為一種普遍的社會道德。然而，人們可以因一個陌生人小小的幫助而感激不盡，卻無視朝夕相處的老闆的恩惠。將一切視為理所當然，視為純粹的商業交換關係，這是許多公司老闆和員工之間矛盾緊張的原因之一。的確，僱用和被僱用是一種契約關係，但是在這種契約關係背後，難道就沒有一點感恩嗎？老闆和員工之間並非是對立的，從商業的角度，也許是一種合作共贏的關係；從情感的角度，也許有一份親情和友誼。

你是否曾經想過，寫一張字條給上司，告訴他你是多麼熱愛自己的工作，多麼感謝在工作中獲得的機會？這種有創意的感謝方式，一定會讓他注意到你——甚至可能提拔你。感恩是會傳染的，老闆也同樣會以具體的方式來表達他的謝意，感謝你所提供的服務。

不要忘了感謝你周遭的人——你的老闆和同事。因為他們了解你、支持你。大聲表達出你的感恩之情，讓他們知道你感激他們的信任和幫助。請注意，一定要說出來，並且要經常說！這樣可以增強公司的凝聚力。

永遠都要懂得感恩。銷售員遭到拒絕時，應該感謝顧客耐心聽完解說。這樣才有下一次的機會！老闆批評你時，應該感謝他給予的教誨。感恩不花一分錢，卻是一項重大的投資，對於未來極有益處！

真正的感恩應該是真誠的，發自內心的感激，而不是為了某種目的，迎合他人而表現出的虛情假意。與拍馬屁不同，感恩是自然的情感流露，是不求回報的。有些人從內心深處感激自己的老闆，但是因為害怕流言蜚語，而將感激之情藏在心中，甚至刻意地疏離老闆，以表自己的清白。這種想法是何等幼稚啊！如果我們能從內心深處意識到，正是因為老闆費盡心思的工作，公司才有今天的發展，正是因為老闆的諄諄教誨，我們才有所進步，才會心中坦蕩，又何必去擔心他人的流言蜚語呢？

感恩並不僅僅有利於公司和老闆。對於個人來說，感恩是富裕的人生。它是一種深刻的感受，能夠增強個人的魅力，開啟神奇的力量之門，發掘出無窮的智慧。感恩也像其他受人歡迎的特質一樣，是一種習慣和態度。

感恩和慈悲是近親。時常懷有感恩的心情，你會變得更謙和、可敬且高尚。每天都用幾分鐘時間，為自己能有幸成為公司的一員而感恩，為自己能遇到這樣一位老闆而感恩。所有的事情都是相對的，不論你遭遇多麼惡劣的情況。

以特別的方式表達你的感謝之意，付出你的時間和心力，為公司為老闆更加勤奮地工作，比物質的禮物更可貴。

當你的努力和感恩並沒有得到相應的回報，當你準備辭職換一份工作時，同樣也要心懷感激之情。每一份工作、每一個老闆都不是盡善盡美的。在辭職前仔細想一想，自己曾經從事過的每一份工作，多少都存在著許多寶貴的經驗與資源。失敗的沮喪、自我成長的喜悅、嚴厲的老闆、溫馨的工作夥伴、值得感謝的客戶……這些都是人生中值得學習的經驗。如果你每天能帶著一顆感恩的心去工作，相信工作時的心情自然是愉快而積極的。

二、老闆和員工是平等的

在如今這樣一個競爭的時代，謀求個人利益、自我實現是天經地義的。遺憾的是很多人沒有意識到個性解放、自我實現與忠誠和敬業並不是對立的，而是相輔相成、缺一不可的。許多年輕人以玩世不恭的態度對待工作，他們頻繁跳槽，覺得自己工作是在出賣勞動力；他們蔑視敬業精神，嘲諷忠誠，將其視為老闆剝削、愚弄下屬的手段。他們認為自己之所以工作，不過是迫於生計的需要。

對於老闆而言，公司的生存和發展需要職員的敬業和服從；對於員工來說，需要的是豐厚的物質報酬和精神上的成就感。從表面上看來，彼此之間存在著對立性，但是，在更高層面，兩者又是和諧統一的 —— 公司需要負責任和有能力的員工，業務才能進行，員工必須依賴公司的業務才能發揮自己的聰明才智。

為了自己的利益，每個老闆只保留最佳的職員，同樣為了自己的利益，每個員工都應該意識到自己與公司的利益是一致的，並且全力以赴努力去工作。只有這樣才能獲得老闆的信任，才能在自己獨立創業時，保持敬業的習慣。

許多公司在招聘員工時，除了能力以外，個人品行是最重要的評估標準。沒有品行的人不能用，也不值得培養。因此，如果你為一個人工作，就真誠地、負責地為他做事；如果他付給你薪水，讓你得以溫飽，為他工作 —— 稱讚他，感激他，支持他的立場，和他所代表的公司站在一起。

也許你的老闆是一個心胸狹隘的人，不能理解你的真誠，不珍惜你的忠心，那麼也不要因此產生抵觸情緒，將自己與公司和老闆對立起來。不要太在意老闆對你的評價，他們也是有缺陷的普通人，也可能因為太主觀而無法對你做出客觀的判斷。這個時候你應該學會自我肯定。只要你竭盡所能，做到問心無愧，你的能力一定會提高，你的經驗一定會豐富起來，你的心胸就會變得更加開闊。

「老闆是靠不住的！」這種說法也許並非沒有道理，但是，這並不意味著老闆和員工從本質上就是對立的。情感需要依靠理智才能保持穩定。老闆和員工關係也只有建立在一種制度上才能和諧和統一。在一個管理制度健全的公司中，所有升遷都是憑藉個人努力得來的。想摧毀一個組織的士氣，最好的方式就是製造「只有玩手段才能獲得晉升」的工作氣氛。管理相對完善的公司升遷管道通暢，有實力的人都有公平競爭的機會，只有這樣，員工才會覺得自己是公司的主人，才會覺得自己與公司完全是一體的。

因此，員工和老闆是否對立，既取決於員工的心態，也取決於老闆的做法。聰明的老闆會給員工公平的待遇，而員工也會以自己的忠誠來予以回報。

三、學會欣賞自己的老闆

要知道，老闆之所以成為老闆，一定有許多我們所不具備的特質，這些特質使他超越了你。

任何人身上都可能擁有你所欣賞的人格特質。瑪格麗特・亨格佛曾經說過：「美存在於觀看者的眼中。」她的看法和我們平常所說的「我們在別人身上看到我們所希望看到的東西」不謀而合。每個人都是相當複雜的綜合體，融合了好與壞的感情、情緒和思想。你對他人的想像，往往奠基於自己對他人的期望之中。

如果你相信他人是優秀的，你就會在他身上找到好的人格特質；如果你不這樣認為，就無法發現他人身上潛在的優點；如果你本身的心態是積極的，就容易發現他人積極的一面。當你不斷提高自己，別忘了培養欣賞和讚美他人的習慣，認識和發掘他人身上優秀的特質。

看到他人的缺點很容易，但是只有當你能夠從他人身上看出優秀的特質，並由衷地欣賞他們的成就時，你才能真正贏得友誼和讚賞。

這個道理同樣適用於我們的老闆。然而，正因他是老闆，我們無法輕易做到這一點。作為公司的管理者自然會經常對我們的許多做法提出批評，經常會否定我們的許多想法，這些都會影響我們對他做出客觀的評價。要知道，他之所以成為我們的老闆，一定有許多我們所不具備的特質，這些特質使他超越了你。

人生來就有缺陷，大多數人都有嫉妒之心，無法面對那些比我們優秀的人。這一點正是阻礙大多數人邁向成功的絆腳石。成功學家告訴我們，提升自我的最佳方法就是幫助他人出人頭地。當你努力地幫助他人時，人們一定會回報你。如果我們能衷心地欣賞和讚美自己的上司和老闆，當他們得到升遷，當公司得到成長時，一定對你會有所回報 —— 是你的善行鼓舞了他們這樣做。有許多意想不到的機會來自於你發自內心對他人的欣賞和讚美，你在他們最需要的時候給予了他們精神上的支持。

也許你的老闆並不比你高明，但只要是你的老闆，就必須服從他的命令，並且努力去發現那些優越於你的地方，尊敬他、欣賞他、向他學習。如果我們都抱著這樣的心態，即使彼此之間有種種隔閡，有許多誤解，也會慢慢消除的。

在職時要讚美自己的老闆，離職後同樣也要說過去老闆的好話。一位曾經聘用過數以百計員工的管理者曾向我談起自己招聘人的心得：「面試時最能體現出一個人思想是否成熟，心胸是否寬大，他對剛離開的那份工作說些什麼。若是前來應徵的人只對我說前僱主的壞話，對他惡意中傷，這種人我是無論如何也不會考慮的。」

「也許一些人確是因為無法忍受老闆的壓迫而離職的，」他繼續說，「但是聰明的做法應該是，不要去談論那些不愉快的舊事，更不要因自己所遭受的不公正待遇耿耿於懷。」

許多求職者以為指責原來的公司和老闆能夠提高自己的身價，於是信口開河，說三道四，這種做法看似聰明，實則愚蠢，其中道理不難理解。

所有的公司都希望員工保持忠誠，每個老闆都希望能吸引那些對公司忠誠的員工，而將那些過河拆橋的人拒之門外。如果今天為了謀取一份工作，而將原來的僱主說得一無是處，誰能保證明天會不會將現在的公司批評得體無完膚呢？

對以前就職的公司和老闆做一些無傷大雅的評價未嘗不可，但如果這種評價帶有明顯的個人色彩，就可能變成一種不負責任的人身攻擊，就會引起現在老闆的反感。此外，許多公司和機構在招聘一些重要職位時，通常會透過各種手段、管道來瞭解應聘者在原公司的表現。世上沒有不透風的牆，當你的攻擊傳回原公司後，別人對你的評價就可想而知了。

這種「說以前老闆好話」的原則，也適用於生活的其他方面。有一個人，打算與一位離婚婦女結婚，一切都已經安排就緒，忽然間，所有的計畫都改變了。為什麼呢？那個人這樣解釋道：「她總是一再談論前夫的各種醜事——如何胡說八道，如何對她不公平，如何好吃懶做、不務正業等等，真的把我嚇壞了。我想，應該沒有一個如此糟的人吧。如果我和她結婚了，也不就成了她批評的對象了嗎？想來想去，於是決定取消婚事。」

有一位年過四十的人，在最近的一次公司改組中失去工作。被解聘之後，他逢人就說自己遭受不公平的待遇，他會告訴你整個公司上下一切都依靠他，而最後自己卻被人惡毒地扳倒了。

他訴苦時的表現讓人越來越相信，他被解聘是咎由自取。他是一個十足的專講「過去時態語句」的人，而且只會說些不幸、恐怖、消極的事。如今，他依然還在失業中，如果沒有徹底的改變，失業的歲月對他而言會相當漫長。

四、同情與理解你的老闆

為什麼人們能夠輕而易舉地原諒一個陌生人的過失，卻對自己的老闆和上司耿耿於懷呢？

好多人曾經都為他人工作，後來則為自己工作。他們以前總是認為老闆太苛刻，後來卻覺得員工太懶惰，太缺乏主動性。其實什麼都沒有改變，改變的是看待問題的角度。

成功守則中最偉大的一條定律 —— 待人如己，也就是凡事為他人著想，站在他人的立場上思考。當你是一名員工時，應該多考慮老闆的難處，給老闆多一些同情和理解；當自己成為一名老闆時，則需要多考慮員工的利益，多一些支持和鼓勵。

這條黃金定律不僅僅是一種道德法則，它還是一種動力，推動整個工作環境的改善。當你試著待人如己，多替老闆著想時，你身上就會散發出一種善意，影響和感染包括老闆在內周圍的所有人。這種善意最終會回饋到你自己身上，如果今天你從老闆那裡得到同情和理解，很可能就是以前你在與人相處時，遵守這條黃金定律所產生的連鎖反應。

為什麼人們能夠輕而易舉地原諒一個陌生人的過失，卻對自己的老闆和上司耿耿於懷呢？最簡單的解釋就是，彼此之間有長期的利益衝突。當老闆的行為與員工的利益發生衝突時，所有的同情和理解都會化為烏有。

經營、管理一家公司是件複雜的工作，會面臨各種煩瑣的問題。來自客戶、來自公司內部巨大的壓力，隨時都會影響老闆的情緒。老闆也是普通人，有自己的喜怒哀樂，有自己的缺陷。他之所以成為老闆，並不是因為完美，而是因為有某種他人所不具備的天賦和才能。因此，我們該用對待普通人的態度來對待老闆，不僅如此，我們更應該同情那些努力去經營一個大公司的人，他們不會因為下班的鐘聲而放下工作。

許多年輕人將自己不能升遷的原因歸咎於老闆的不公平，認為老闆任人唯親、嫉賢妒能，不喜歡比自己聰明的員工，甚至認為老闆會阻礙有抱負的人獲得成功。事實上，對於大多數老闆而言，再也沒有比缺乏合適的人才更讓他苦惱了，也沒有比尋找合適的人選更讓他焦心了。

年輕人之所以產生這樣的想法，也是以己度人，但是這個「己」是自私的、狹隘的，也就是所謂「以小人之心，度君子之腹」。事實上，從每一個員工第一天上班開始，老闆就用心對他進行觀察。他們會仔細衡量和分析他的能力、品格、習慣、人際關係、性情等等，只有當他認為一個年輕人缺少必要的能力，有一些不良的習慣和言行舉止時，他才會認為這個年輕人沒有前途。畢竟公司是自己苦心經營才發展起來的，在大多數情況下，他們不會因為自己的個人偏見而毀了整個事業。

因此，做員工的應該多反思自己的缺陷，給予老闆更多的同情和理解，或許能重新贏得老闆的欣賞和器重。

也許老闆不一定領情，但我們依然要設身處地為老闆著想。因為同情和寬容是一種美德，在一個老闆那裡沒有作用，並不意味著在所有老闆那裡都沒有效果。退一步來說如果我們能養成這樣思考問題的習慣，我們起碼能夠做到內心寬慰。

五、以老闆的心態對待公司

如果你是老闆，一定會希望員工能和自己一樣，將公司的事當成自己的事業，更加努力，更加勤奮，更積極主動。因此，當你的老闆向你提出這樣的要求時，請不要拒絕他。

絕大多數人都必須在一個機構中奠基自己的事業生涯。只要你還是某一機構中的一員，就應該拋開任何藉口，投入自己的忠誠和責任。一榮俱榮，一損俱損！將身心徹底融入公司，盡職盡責，處處為公司著想，對投資人承擔風險的勇氣報以欽佩，理解管理者的壓力，那麼任何一個老闆都會視你為公司的支柱。

有人說過，一個人應該永遠同時從事兩份工作：一份是目前所從事的工作；另一份則是真正想從事的工作。如果你能將該做的工作做得和想做的工作一樣認真，那麼你就一定會成功，因為你在為未來做準備，你正在學習一些足以超越目前職位，甚至成為老闆或老闆的老闆的技巧。當時機成熟，你已準備就緒了。

當你精熟了某一項工作，別陶醉於一時的成就，應該趕快思考未來，想一想現在所做的事有沒有改進的空間？這些都能使你在未來取得進步。儘管有些問題屬於老闆考慮的範疇，但是如果你考慮了，說明你正朝老闆的位置邁進。

如果你是老闆，你對自己今天所做的工作完全滿意嗎？別人對你的看法也許並不重要，真正重要的是你對自己的看法。回顧一天的工作，捫心自問：「我是否付出了全部精力和智慧？」

以老闆的心態對待公司，你就會成為一個值得信賴的人，一個老闆樂於僱用的人，一個可能成為老闆得力助手的人。更重要的是，你能心安理得地入眠，因為你清楚自己已全力以赴，已完成了自己所設定的目標。

一個將公司視為己有並盡責完成工作的人，終將會擁有自己的事業。許多管理制度健全的公司，正在創造機會使員工成為公司的股東。因為人們發現，當員工成為公司所有者時，他們表現得更加忠誠，更具創造力，也會更加努力工作。有一條永遠不變的真理：當你像老闆一樣思考時，你就成為了一名老闆。

以老闆的心態對待公司，為公司節省花費，公司也會按比例給你報酬。獎勵可能不是今天、下星期甚至明年就會兌現，但它一定會來，只不過表現的方式不同而已。當你養成習慣，將公司的資產視為自己的資產一樣愛護，你的老闆和同事都會看在眼裡。美國自由公司體制是建立在這種前提之下，即每一個人的收穫與勞動是成正比的。

然而在今天這種高度競爭的經濟環境下，你可能感慨自己的付出與受到的肯定和獲得的報酬並不成比例。下一次，當你感到過度工作卻得不到理想薪水、未能獲得上司賞識時，記得提醒自己：你是在自己的公司裡為自己做事，你的產品就是你自己。

假如你是老闆，試想自己是那種你喜歡僱用的員工嗎？當你正考慮一項困難的決策，或者你正思考著如何避免一份討厭的差事時，反問自己：如果這是我的公司，我會如何處理？當你所採取的行動與你身為員工時所做的完全相同的話，你已經具備處理更重要事物的能力了，那麼你很快就會成為老闆。

六、向你的老闆學習

我們向老闆學習，不是因為他是老闆，而是因為他的優秀——我們為自己能遇到這樣一位老闆而感到慶幸。

一個好的上司會讓你受益無窮。張某曾經遇到過一個好上司，他告訴張某做生意的技巧，也教育張某經商的道德，對此張某十分感激。後來張某升遷了，擔任了更重要的職務。然而，老闆對張某的器重，引起了其他人的嫉妒，隨之攻擊張某的流言蜚語也不斷傳出，說張某是老闆的跟屁蟲，處處模仿老闆才得以升遷。這些攻擊給張某帶來一種如牛負重的感覺。

但是，冷靜下來仔細思考，其實也沒有什麼可擔憂的。每個人從模仿中學習比從其他方式所學到的知識要多得多。大部分人會注意傾聽、觀察，然後模仿他人的言行舉止。你說話、走路的樣子，你的姿態、動作、表情可以說大部分是「抄襲」自你最親近的人。同樣，你的心理、處世哲學也多是從那些對你有影響的人 —— 父親、老師、老闆那裡學來的。張某向老闆學習，不是因為他是老闆，而是因為他的優秀 —— 張某為自己能遇到這樣一位老闆而慶幸。

幾年前，張某的兩位學生分別來找他諮詢大學畢業後的就業問題。他們都是很聰明的年輕人，成績都十分優秀，興趣和愛好很接近，對於他們來說，有許多工作機會可供選擇。當時，張某的一位朋友創辦了一家小型公司，也正委託張某物色一個適當的人做助理，於是張某建議兩個年輕人去試試看。

他們倆分別去應徵，第一位前去拜訪的名叫小劉，面試結束後他打電話給張某，用一種厭惡的口氣對張某說：「你的朋友太苛薄了，他居然月薪只肯給八百元，我拒絕了他。現在我已經在另一家公司上班了，月薪一千兩百元。」

後來去的學生名叫小王，儘管開出的薪水也是八百元，儘管他同樣有賺更多錢的機會，但是他卻欣然接受了這份工作。當他將這個決定告訴張某時，張某問他：「這麼低的薪水，你不覺得太吃虧了嗎？」

小王說：「我當然想賺更多的錢，但是我對你朋友的印象很深刻，我覺得只要能從他那裡多學到一些本領，薪水低一些也是值得的。從長遠的眼光來看，我在那裡工作將會更有前途。」

那是幾年前的事情了。第一位學生當時在另一家公司的薪水是年薪一萬四千四百元，目前他也只能賺到兩萬三千美元，而最初薪水只有九千六百元的小王，現在的固定薪資是三萬八千美元，外加紅利。

這兩個人的差異到底在那裡呢？小劉被最初的賺錢機會蒙蔽了雙眼，而小王卻基於能學到東西的觀點來選擇自己的工作。

我們經常為大多數人選擇工作如此盲目而感到驚異。許多年輕人在選擇工作時都會問「月薪多少」、「工作時間長嗎」、「有哪些福利」、「有多少假期」，以及「什麼時候調薪」。

百分之九十以上的人都忽略一項重要的因素，那就是「我要選哪些人成為我工作的導師？」

如果你是一位高中足球隊隊員，畢業後想繼續效力職業足球隊，你選擇大學的最重要因素一定是「哪位足球教練能教你最多，最能大力培養你。」

如果你發現自己的老闆無法教你更多的本領，無法幫助你達到預期的計畫，那麼你就應該毅然決然地離開。無論你想要成為一位偉大的音樂家，還是一個成功的演員，都要遵循同樣的原則。人無權選擇自己的父母，但是卻有權選擇自己的老闆。

與什麼樣的人交往，對個人的成長影響頗大。長久地生活在低俗的圈子裡——無論是道德上低俗，還是品位上的低俗——都不可避免地讓人走下坡路，我們應該努力地去接觸那些道德高尚和學識不凡的人。

每個人都會有自己崇拜的對象。我們願意崇拜和學習那些離我們遙遠的偉人，卻往往忽略了近在身邊的智者，這一點在工作中體現得尤其充分。也許是出於嫉妒，也許是由於利益的衝突，我們忽視了每天都在督促我們工作的老闆和上司——那些最值得學習的人。他們之所以成為管理我們的「牧羊人」，必然有我們所不具備的優勢。聰明人應該時刻研究他們的一言一行，瞭解作為一名管理者所應該具備的知識和經驗。只有這樣，我們才有可能獲得升遷，才有可能在自己獨立創業時做得更好。

傳統社會人們非常清楚這一點，弟子長時間跟隨著師父，學徒耐心地向工匠學習，學生藉著協助教授做研究而學習知識，剛入門的藝人花時間和卓有成就的藝術家相處——都是藉著協助與模仿，從而觀察成功者的做事方式。工業化生產破壞了這種學徒關係，也破壞了老闆與員工之間的這種學習關係，員工與老闆之間逐漸變成了矛盾對立的利益體。在一些錯誤的觀點的蒙蔽下，許多人甚至因此喪失了學習能力。

不惜代價為傑出的成功人士工作，尋找各種藉口和他們共處，目的就是為了能多向他們學習。留心老闆的一言一行，一舉一動，觀察他們處理事情的方法，你就會發現，他們有與普通人的不同之處。如果你能做得和他們一樣好，甚至做得更好，你就有機會獲得晉升。

優秀的人並不是有錢人，而是那些在人格、品行、學問、道德都勝人一籌的人。與他們交流，你能吸收到各種對自己有益的養分，可以提高自己的理想，可以鼓勵你追求高尚的事物，可以使你對事業付出更大的努力。

腦海與腦海之間，心靈與心靈之間，有著一種巨大的感應力量，這種感應力量，雖無法測量，然而其刺激力、破壞力和建設力都是無比巨大的。如果你經常與那些無論是品行還是能力都在你之下的人混在一起，一定會降低你的抱負和理想。

錯過了一個能夠帶給我們教益的人，實在是一種莫大的不幸。只有透過與優秀的人相處，才可能擦去生命中粗糙的部分，才可以琢磨成器。向一個能夠激發我們生命潛能的人學習，其價值遠勝於一次發財獲利的機會——它能使我們的力量增強百倍。

除了自己的家人之外，老闆是與自己接觸最多的人，也是每天都面對比自己優秀的人。所以，千萬不要錯過向老闆學習的機會。

七、責任體現忠誠

在工作中，如果把忠誠單純理解為從一而終，那麼你錯了。忠誠是一種職業的責任感，是一種職業的忠誠，是你承擔某一責任或者從事某一職業所表現的敬業精神。

然而，不可避免的是，現在絕大多數的人，尤其是職場新人，他們做工作的時候想到的只有如何能夠幫自己獲得最大的收穫、最高的成長。他們把敬業當成老闆監督員工的手段，把忠誠看作管理者愚弄下屬的工具，認為公司和老闆是員工灌輸忠誠和敬業思想的受益者。

其實不然，忠誠並不僅僅有利於公司，其最終和最大的受益者是你自己。忠誠鑄就信賴，而信賴造就成功。一旦養成對事業高度的責任感和忠誠，你就能在逆境中勇氣倍增，面對誘惑不為所動；就能讓有限資源發揮出無限價值的能力，爭取到成功的砝碼。

這個世界到處都充滿著誘惑，不知何時我們就掉進了陷阱。誘惑隨時可能讓一個人背叛自己所信守的情感、道德、工作原則，因此，忠誠就變得十分的可貴。特別是在公司裡，忠誠不僅僅能夠維護公司自身的形象和利益，還能確保公司健康生存。

對於員工而言，你忠誠於你的公司，你所得到的不僅是公司對你更大的信任，你的所作所為還會讓企圖誘惑你的人感覺到你人格的力量。如果你背叛了自己的公司，你的身上將背負著一輩子都擦拭不掉的污點，還會有人願意用你嗎？沒有人敢用一個曾經背叛自己公司的人。背叛忠誠的代價就是給自己的人格和尊嚴抹上污點。

忠誠，其實也是市場競爭中的一種原則。

比爾是一家網路公司技術總監，由於公司改變發展方向，他覺得這家公司不再適合自己，決定換一份工作。

以比爾的資歷和在 IT 業的影響，還有原公司的實力，找份工作並不是件困難的事情。有很多家公司早就盯上他，以前曾試圖挖走比爾，都沒成功。這一次，是比爾自己想離開，真是一次絕佳的機會。

很多公司都拋出了令人心動的條件，但是在優厚條件的背後總是隱藏著一些東西。比爾知道這是為什麼，但是他不能因為優厚的條件就背棄自己一貫的原則，比爾拒絕了很多家公司對他的邀請。

最終，他決定到一家大型的公司去應聘技術總監，這家公司在全美乃至世界都有相當的影響力，很多業界人士都希望能到這家公司來工作。

該公司的人力資源部主管和負責技術方面工作的副總裁對比爾進行面試。比爾的專業能力他們並無挑剔，但是他們提到了一個使比爾很失望的問題。

「我們很歡迎你到我們公司來工作，你的能力和資歷都非常不錯。我聽說你以前所在公司正在著手開發一個新的適用於大型公司的財務應用軟體，據說你提了很多非常有價值的建議，我們公司也在策劃這方面的工作，能否透露一些你原來公司的情況，你知道這對我們很重要，而且這也是我們為什麼看中你的一個原因。請原諒我說得這麼直白。」副總裁說。

「你們問的這個問題很令我失望，看來市場競爭的確需要一些非正常的手段。不過，我也要令你們失望了。對不起，我有義務忠誠於我的公司，即使我已經離開，但任何時候我都必須這麼做。與獲得一份工作相比，信守忠誠對我而言更重要。」比爾說完就走了。

比爾的朋友都替他惋惜，因為能到這家公司工作是很多人的夢想。但比爾並沒有因此而覺得可惜，他為自己所做的一切感到坦然。

過沒幾天，比爾收到了來自這家公司的一封信，信上寫著：「你被錄用了，不僅僅因為你的專業能力，還有你的忠誠。」

其實，這家公司在選擇人才的時候，一直很看重一個人是否忠誠。他們相信，一個能對自己原來公司忠誠的人也可以對自己的公司忠誠。這次面試，很多人被刷掉，就是因為他們為了獲得這份工作而對原來的公司喪失了最起碼的忠誠。這些人中不乏優秀的專業人才，但是這家公司的人力資源部主管認為，一個人不能忠誠於自己原來的公司，很難相信他會忠誠於別的公司。

一個人的忠誠不僅不會讓他失去機會，反而會讓他贏得機會。除此之外，他還能贏得別人對他的尊重和敬佩。人們應該意識到，取得成功的因素最重要的不是一個人的能力，而是他優良的道德感。

一個優秀員工必須具備忠誠的美德。從某種意義上講，忠誠於公司，就是主動以不同的方式為公司做出貢獻。因此，不背叛公司，不做有損於公司利益的事只是忠誠的一個方面；積極改進，主動為公司尋找開源節流的管道，也是忠誠的一種體現，是每個員工義不容辭的責任。

有兩個高中畢業生小張和小林，來到深圳後，一直沒有找到工作。當口袋裡的錢所剩無幾時，他們只好到一個建築工地上，並向工頭推銷自己。

老闆說：「我這裡目前沒有適合你們的工作，如果願意的話，倒可以在我的工地上做一陣小工，每天給你們三十元。」無奈之下，兩個人同意了。

第二天，老闆給他們分配了任務——把木工釘模時掉落在地上的釘子撿起來。每天小張和小林除了吃飯的半個小時外，一刻也不停歇，每個人撿了不到五千克釘子。幾天下來，小張暗暗算了一筆帳，發現老闆這樣做很不划算，根本達不到「節流」的目的。小張決定和老闆談一談這個問題，但小林卻極力阻止他：「還是別去找老闆，否則我們倆又得失業。」小張沒同意，他直接去找老闆。

「老闆，恕我直言，公司需要效益，表面看來，拾回落下的釘子是一件合理合情的事，但實質上它給您帶來的只是負值。我老老實實撿了幾天釘子，每天最多不超過五千克。這種釘子的市場價是每千克五元，這樣算下來，我一天能製造二十多元的價值，而您卻給我三十元的薪水。這不僅對您是損失，對我們也不公平。如果現在您算透了這筆帳打算辭退我，請您直說。」

沒想到，老闆竟哈哈大笑起來，說：「好小子，你過關了！我手頭上正缺一名施工人員，拾釘子這筆帳其實我也會算，我知道你們倆也都算出來了。我就一直等著你們過來告訴我，如果一個月後你仍然不來找我，你們都將被辭退。公司需要效益，更需要像你這樣忠心耿耿、責任心強，一心為公司謀利益的人才，我希望你留下。小林嘛，我只能說很抱歉了。」

當你因為忠誠，主動對老闆負責，加倍付出，老闆就因此而對你承擔一份義務，忠誠地對待你，正如一位成功者所說：「自身價值的創造和實現依賴於忠誠。」

在所有老闆的心目中，「誰是忠誠的，誰才有責任感，誰才是最可靠的。」憑著這種認知，一旦發現你露出不忠誠的端倪，任憑你有驚世之才，他也不會信任你，更不會給你發展的空間。

責任感源於忠誠。沒有忠誠，責任感就無從說起，沒有責任感，你就會在誘惑面前把持不住自己。這樣你的事業結構就會土崩瓦解，最終只能在一片廢墟中獨自哀歎，所以說，背叛「忠誠」的最大受害者將是背叛者自己。

八、像老闆一樣思考

當你以老闆的角度思考問題時，應該對你工作的態度、工作方式以及你的工作成果，提出更高的要求與標準，只要你深入思考，積極行動，那麼你所獲得的評價一定也會提高，很快就會脫穎而出。

在 IBM 公司，每一個員工都樹立起一種態度 —— 我就是公司的主人，並且對相互之間的問題和目標有所瞭解。員工主動接觸高階管理人員，與工作的指揮人員保持有效的溝通，對所從事的工作更是積極主動去完成，並能保持高度的工作熱情。

「像老闆一樣思考」這如此重要的工作態度，源於托馬斯・沃森（Thomas J. Watson）的一次銷售會議。那是一個寒風凜冽、陰雨綿綿的下午，老沃森在會上先介紹了當前的銷售情況，分析了市場面臨的種種困難。會議一直持續到黃昏，氣氛很沉悶，一直都是托馬斯· 沃森自己在說，其他人則顯得煩躁不安。

面對這種情況，老沃森緘默了十秒鐘，待大家突然發現這個安靜的情形有點不對勁的時候，他在黑板上寫了一個很大的「THINK」（思考），然後對大家說：「我們共同缺少的是 —— 思考，對於每一個問題的思考，別忘了，我們都是靠工作賺得薪水的，我們必須把公司的問題當成自己的問題來思考。」之後，他要求在場的人開始動腦，每人提出一個建議。實在沒有建議的，對別人提出的問題，加以歸納總結，闡述自己的看法與觀點。否則，不得離開會場。

結果，這次會議取得了很大的成功，許多問題被提了出來，並找到了相應的解決辦法。

必須承認，許多公司的管理者與員工的心理狀態很難達到完全的一致，角色、地位和對公司的所有權不同，導致了這種心態的產生。在許多員工的思想中：「公司的發展是由員工決定的」諸如此類的話只不過是一句空話。他們經常會對自己說：「我只是在為老闆，如果我是老闆，會將公司管理得更好。」但事實上，真的會如此嗎？

傑克是一位頗有才華的年輕人，但是對待工作總是顯得漫不經心。他的朋友曾經就此問題和他交流過，他的回答是：「這又不是我的公司，我沒有必要為老闆拚命。如果是我自己的公司，我相信自己一定會比他更努力，做得更好。」

一年以後，他寫信告訴他的朋友說他已經離開了原來的公司，自己獨立創業，開了一家小公司。「我會很用心地做好它，因為它是我自己的。」他在信中的末尾這樣寫道。他的朋友回信表示祝賀，同時也提醒他注意，對未來可能遭遇的挫折一定要有足夠的覺悟。

半年以後，他的朋友又一次得到的傑克的消息，他告訴朋友他一個月前關閉了公司，重新回去工作；理由：「我發現原來有那麼多的事要我去做，我實在應付不了。」

許多現正受僱於他人的人，他們的態度十分明確：「我不可能永遠工作。工作只是過程，當老闆才是目的。我每做一份工作都在為自己累積經驗和關係。等到機會成熟，我會毫不猶豫地自己做。」這是一種值得敬佩的創業熱情，但是如果抱著「如果自己當老闆，我會更努力」的想法則可能適得其反。

其實，公司的管理者們希望員工「像老闆一樣思考」，樹立一種主角意識時，並不是發出了所有人都可以成為老闆的信號，而是向員工提出了更高的標準。要知道，我們的工作並不是單純地為了成為老闆或是擁有自己的公司，我們既是在為自己的過去，也是為自己的未來工作。

「像老闆一樣思考」是對我們個人的發展提出的一種更高的要求。以更高的標準要求自己，無疑可以取得更大的進步，這其中包括：具有更強的責任心，努力爭取更上一層樓；更加重視顧客和個人的服務；心智得到更大的提升，贏得更加廣泛的尊重；取得更多的合作機會等等。

關某就是一位用老闆的眼光來對待自己工作的人，他相信機會來自於努力工作，要有更大的發展空間，必須從現在就開始做起。

關某曾是一家貿易公司的部門經理，雖然他可以安排其他人去完成所有的工作，但他對進貨出貨的細節全部都要親自把關，在與客戶的溝通中他也始終保持良好的服務態度；在處理內部問題的管理上，他也做得有聲有色，井井有條，辦公室的氛圍十分和諧，員工在工作中都能相處融洽。幾年後，因為關某的優異表現，他被調到了總公司工作，職位也得到了相應的提升。

那麼在工作中，如何「像老闆一樣思考」呢？這需要我們對自己的行為準則有更深刻的瞭解。請思考如下問題：

如果我是老闆，會怎樣對待無理取鬧的顧客？

如果我是老闆，目前這個專案是不是需要再考慮一下，再做是否投資的決定？

如果我是老闆，面對公司中無謂的浪費，會不會採取必要的措施？

如果我是老闆，對自己的言行舉止是不是應該更加注意，以免造成不良的後果？

我們無法在此一一列舉出一位老闆應該思考的所有問題，但是毫無疑問的是，當你以老闆的角度思考問題時，應該對你的工作態度、工作方式以及你的工作成果，提出更高的要求與標準，只要你深入思考，積極行動，那麼你所獲得的評價一定也會提高，很快就會脫穎而出。

「像老闆一樣思考」，在平凡的工作中，為自己定下追求卓越的目標吧！

第五章　勤奮是責任意識的體現

人生在勤。勤奮是一個人成功的基礎因素，是養成高素養不可或缺的一面。有不少人講過，天才是百分之九十九的汗水加上百分之一的靈感。做事還要有責任心。做事如果沒有責任心，就連自己日常生活中的事情都可能做不好，更不用說能做好事業了。走向工作職位後，首先得衡量你是否能夠勤奮工作，是否具有一定的責任心，因為勤奮是你責任意識的的根本體現。所以要想真正「立功」、「立言」，就必須做事有責任心。只有勤奮，才能有收穫。只要有責任心，事業就會成功。

一、尊重你所從事的工作

尊重你所從事的工作就是尊重自己，這是一個最基本的工作態度問題。

我們每個人在什麼樣的工作環境中才能發揮自己的最大才華？

首先，這個公司應該擁有一個和諧而平等的工作環境，這個環境並不是每個員工的辦公室都要一模一樣，而是每個人都要擁有一個可以發揮才華的空間。

在 IBM 公司，所有人都是同等重要的，任何人都得到同樣的尊重，無論你身處何等職位，無論你是新人還是元老，IBM 都會一視同仁。因為在 IBM 最重要的不是金錢或是其他，而是人。

IBM 的所有員工都知道，IBM 的準則是「必須尊重個人」。他們進入公司之初就會感到別人對待他們的態度是基於尊重的基礎之上，只要他們有問題，別人再忙也會來幫助他們。他們也看到，公司人員是如何對待顧客，也親耳聽到顧客對市場代表、系統工程師及服務人員的讚美。

以人為本，尊重自己和每一個人，這樣人們才能意識到工作對個人意味著什麼。而實際上，尊重自己所從事的工作就是尊重自己，這是一個最基本的工作態度問題。

著名的公司管理顧問威迪· 斯太爾在為《華盛頓郵報》撰寫的專欄中曾經說道：「每個人都被賦予了工作的權利，一個人對待工作的態度決定了這個人對待生命的態度，工作是人的天職，是人類共同擁有和崇尚的一種精神。當我們把工作當成一項使命時，就能從中學到更多的知識，累積更多的經驗，就能從全身心投入工作的過程中找到快樂，實現人生的價值。這種工作態度或許不會有立竿見影的效果，但可以肯定的是，當『輕視工作』成為一種習慣時，其結果可想而知。工作上的日漸平庸雖然表面看起來只是損失一些金錢或時間，但是對你的人生將留下無法挽回的遺憾。」

是啊！工作本身沒有貴賤之分，不同的只是人們對於工作的態度。看一個人是否能做好事情，主要是看他對待工作的態度。而一個人的工作態度，又與他本人的性情、才能以及道德感有著密切的關係。可以說，瞭解一個人的工作態度，在某種程度上就是了解了這個人。

因為一個人所做的工作是他人生態度的體現，一生的職業就是他志向的表示、理想的所在。

如果一個人輕視自己的工作，將它當成低賤的事情，那麼他絕不會尊敬自己。因為看不起自己的工作，所以工作時備感艱辛、煩悶，自然也不會做好工作。

在我們身邊，有許多人不尊重自己的工作，不把工作看成創造事業的必經之路和發展人格的助力，而只視為衣食住行的供給工具，認為工作是生活的代價，是無可奈何、不可避免的勞動。這是多麼錯誤的觀念！

那些看不起自己工作的人，往往是一些被動適應生活的人，他們不願意奮力崛起，努力改善自己的生存環境。對於他們來說，在政府部門工作更體面，更有權威性；他們不喜歡商業和服務業，不喜歡體力勞動，自認為應該活得更加輕鬆，應該有一個更好的職位，工作時間更自由。他們總是固執地認為自己在某些方面更有優勢，會有更廣泛的前途，但事實上並非如此。

萊伯特對這種人曾提出過警告：「如果人們只追求高薪與社會地位，是非常危險的。它說明這個民族的獨立精神已經枯竭；說得更嚴重些，一個國家的國民如果只是苦心追求這些職位，會使整個民族像奴隸一般地生活。」

反觀那些嚴肅對待工作的人，在他們的心中，職業象徵著一個人的尊嚴，工作使他們更深刻地理解了「人生來是平等的」這句話的意義。他們把工作當成人生中極為重要的一部分，兢兢業業，一絲不苟，竭盡全力做好每一件工作，在其所從事的領域中表現卓越，當然，他們的付出也得到了相應的回報，這是毋庸置疑的。

二、不要看不起你的工作

無論你是貴為君主還是身為平民，無論你是男還是女，都不要看不起自己的工作。如果你認為自己的勞動是卑賤的，那你就犯了一個巨大的錯誤。

羅馬一位演說家說過：「所有手工勞動都是卑賤的職業。」從此，羅馬的輝煌歷史就成了過眼雲煙。亞里斯多德也曾說過一句讓古希臘人蒙羞的話：「一個城市要想管理得好，就不該讓工匠成為自由人。那些人是不可能擁有美德的。他們天生就是奴隸。」

今天，同樣有許多人認為自己所從事的工作是低人一等的。他們身在其中，卻無法認知到其價值，只是迫於生活的壓力而勞動。他們輕視自己所從事的工作，自然無法投入全部身心。他們在工作中敷衍塞責、得過且過，而將大部分心思用在如何擺脫現在的工作環境上。這樣的人在任何地方都不會有所成就。

所有正當合法的工作都是值得尊敬的。只要你誠實地勞動和創造，沒有人能夠貶低你的價值，關鍵在於你如何看待自己的工作。那些只知道要求高薪，卻不知道自己應承擔的責任的人，無論對自己，還是對老闆，都是沒有價值的。

也許某些行業中的某些工作看起來並不高雅，工作環境也很差，無法得到社會的認可，但是，請不要無視這樣一個事實：有用才是偉大的真正尺度。在許多年輕人看來，公務員、銀行職員或者大公司白領才稱得上是紳士，其中一些人甚至願意等待漫長的時間，目的就是去謀求一個公務員的職位。但是，同樣的時間他可以透過自身的努力，在工作中找到自己的位置，發現自己的價值。

那些看不起自己工作的人，實際上是人生的懦夫。與輕鬆體面的公務員工作相比，商業和服務業需要付出更艱辛的勞動，需要更實際的能力。當人們害怕接受挑戰時，就會找出許多藉口，久而久之就變得看不起自己的工作。這些人在學生時期可能就非常懶散，一旦通過了考試，便將書本拋到一邊，以為所有的人生坦途都向他展開了。他們對於什麼是理想的工作有許多錯誤的認知（如果說他們對於工作還存有什麼理想的話）。

天生我才必有用，懶散只會為我們帶來巨大的不幸。有些年輕人用自己的天賦來創造美好的事物，為社會作出了貢獻；另外有些人沒有生活目標，畏首畏尾，浪費了天生的資質，到了晚年只能苟延殘喘。本來可以創造輝煌的人生，結果卻與成功失之交臂，只能說是一個巨大的遺憾。一個農夫，既有可能成為華盛頓（George Washington）之類的人物，也可能終日在烈日下勞動，一直到老。

三、不只為薪水而工作

工作固然是為了生計，但是比生計更可貴的，就是在工作中充分挖掘自己的潛能，發揮自己的能力，做正直而純正的事情。

一些年輕人，當他們走出校園時，總對自己抱有很高的期望值，認為自己一開始工作就應該得到重用，就應該得到相當豐厚的報酬。他們在薪水上喜歡相互比較，似乎薪水成了他們衡量一切的標準。

但事實上，剛踏入社會的年輕人缺乏工作經驗，是無法委以重任的，薪水自然也不可能很高，於是他們就有了許多怨言。

也許是親眼目睹或耳聞父輩和他人被老闆無情解僱的事實，現在的年輕人往往將社會看得比上一代人更冷酷、更嚴峻，因而也就更加現實。在他們看來，我為公司工作，公司付我薪資，等價交換，僅此而已。他們看不到薪水以外的東西，曾經在校園中編織的美麗夢想也逐漸破滅了。沒有了信心，沒有了熱情，工作時總是採取一種應付的態度，能少做就少做，能躲避就躲避，敷衍了事，藉此報復他們的老闆。他們只想對得起自己賺的薪水，從沒有想過是否對得起自己的前途，是否對得起家人和朋友的期待。

之所以會出現這種狀況，主要原因在於人們對於薪水缺乏更深入的認知和理解。大多數人因為自己目前所得的薪水太微薄，而將比薪水更重要的東西也放棄了，實在太可惜。

不要只為薪水而工作，因為薪水只是工作的一種報償方式，雖然是最直接的一種，但也是最短視的。一個人如果只為薪水而工作，沒有更高尚的目標，並不是一種好的人生選擇，受害最深的不是別人，而是他自己。

一個以薪水為個人奮鬥目標的人，將無法走出平庸的生活模式，也從來不會有真正的成就感。雖然薪水應該成為工作目的之一，但從工作中真正能獲得更多的，不是裝在信封中的鈔票。

一些心理學家發現，金錢在達到某種程度之後就不再誘人了。即使你還沒有達到那種境界，但如果你忠於自我的話，就會發現金錢只不過是許多種報酬中的一種。試著請教那些成功人士，他們在沒有優厚的金錢回報下，是否會繼續從事自己的工作？大部分人的回答都是：「絕對會！我不會有絲毫改變，因為我熱愛自己的工作。」想要攀上成功之階，最明智的方法就是選擇一件即使酬勞不多，也願意做下去的工作。當你熱愛自己所從事的工作時，金錢就會隨之而來。你也將成為人們爭相聘請的對象，並且獲得更豐厚的酬勞。

不要只為薪水而工作。工作固然是為了生計，但是比生計更可貴的，就是在工作中充分發掘自己的潛能，發揮自己的才幹，做正直而純正的事情。如果工作僅僅是為了麵包，那麼生命的價值也未免太低俗了。

人生的追求不僅僅只有滿足生存需要，還有更高層次的需求，有更高層次的動力驅使。不要麻痹自己，告訴自己工作就是為賺錢——人應該有比薪水更高的目標。

工作的品質決定生活的品質。無論薪水高低，工作中盡心盡力、積極進取，能使自己得到內心的安定，這往往是事業成功者與失敗者之間的不同之處。工作過分輕鬆隨意的人，無論從事什麼領域的工作都不可能獲得真正的成功。將工作僅僅當作賺錢謀生的工具，這種想法本身就會讓人蔑視。

成功人士的經驗向我們揭示了一個真理：只有經歷艱難困苦，才能獲得世界上最大的幸福，才能取得最大的成就；只有經歷過奮鬥，才能取得成功。

四、比薪水更重要的東西

工作所給你的，要比你為它付出的更多。如果你將工作視為一種積極的學習經驗，那麼，每一項工作中都包含著許多個人成長的機會。

為薪水而工作，看起來目的明確，但是往往被短期利益蒙蔽了心智，使我們看不清未來發展的道路，結果讓我們即使日後奮起直追，振作努力，也無法超越。

那些不滿薪水低而敷衍了事工作的人，固然對老闆是一種損害，但是長久下來，無異於使自己的生命枯萎，斷送自己的希望，一生只能做一個庸庸碌碌、心胸狹隘的懦夫。他們埋沒了自己的才能，湮滅了自己的創造力。

因此，面對微薄的薪水，你應該懂得，僱主支付給你的工作報酬固然是金錢，但你在工作中給予自己的報酬，乃是珍貴的經驗、良好的訓練、才能的表現和品格的建立。這些東西與金錢相比，其價值要高出千萬倍。

當你剛踏入社會時，不必太過在意薪水的多少，而應該注意工作本身帶給你們的報酬。譬如發展自己的技能，增加自己的社會經驗，提升個人的人格魅力等等。與你在工作中獲得的技能與經驗相比，微薄的薪水會顯得不那麼重要了。老闆支付給你的是金錢，你賦予自己的是可以令你終身受益的黃金。

能力比金錢重要萬倍，因為它不會遺失也不會被偷。如果你有機會去研究那些成功人士，就會發現他們並非始終高居事業的頂峰。在他們的一生中，曾多次攀上頂峰又墜落谷底，雖然有高低起伏，但是有一種東西永遠伴隨著他們，那就是能力。能力能幫助他們重返巔峰，俯瞰人生。

人們都羨慕那些傑出人士所具有的創造能力、決策能力以及敏銳的洞察力，但是他們也並非一開始就擁有這些天賦，而是在長期工作中累積和學習到的。在工作中他們學會瞭解自我，發現自我，使自己的潛力得到充分的發揮。

不只為薪水而工作，工作所給予你的要比你為它付出的更多。如果你一直努力工作，一直在進步，你就會有一個良好的、沒有污點的人生記錄，使你在公司甚至整個行業擁有一個好名聲，良好的聲譽將陪伴你一生。

有許多人上班時總喜歡「忙裡偷閒」，他們要麼上班遲到、早退，要麼在辦公室與人閒聊，要麼以出差之名遊山玩水等等。這些人也許沒有因此被開除或扣減薪水，但他們會被傳出不好的名聲，也就很難有升遷的機會。如果他們想換間公司，也不會有其他人對他們感興趣。

一個人如果總是為自己到底能拿多少薪水而傷腦筋的話，他又怎麼能看到薪水背後可能獲得的成長機會呢？他又怎麼能意識到從工作中獲得的技能和經驗，對自己的未來將會產生多大的影響呢？這樣的人只會無形中將自己困在裝著薪水的信封裡，永遠也不懂自己真正需要什麼。

五、把工作當成你的樂趣

人生最有意義的就是工作，與同事相處是一種緣分，與顧客、生意夥伴見面是一種樂趣。即使你的處境再不如人意，也不應該厭惡自己的工作。如果環境迫使你不得不做一些令人乏味的工作，你應該想方設法使之充滿樂趣。用這種積極的態度投入工作，無論做什麼，都很容易取得良好的成果。

人可以透過工作來學習，可以透過工作來獲取經驗、知識和信心。你對工作投入的熱情越多，決心越大，工作效率就越高。當你抱有這樣的熱情時，上班就不再是一件苦差事，工作就變成一種樂趣，就會有許多人願意聘請你來做你所喜歡的事。工作是為了自己更快樂！如果你每天工作八小時，你就等於在快樂中游泳，這是一個多麼划算的事情啊！

許多在大公司工作的員工，他們擁有淵博的知識，受過專業的訓練，他們朝九晚五辦公大樓裡忙進忙出，有一份令人羨慕的工作，拿一份高薪，但是他們並不快樂。他們是一群孤獨的人，不喜歡與人交流，不喜歡星期一；他們視工作如緊箍咒，僅僅是為了生存而不得不出來工作；他們精神緊張、未老先衰，常常患胃潰瘍和精神衰弱，他們的健康真是令人擔憂。

當你在樂趣中工作，如願以償的時候，就該愛你所選，不輕言變動。如果你開始覺得壓力越來越大，情緒越來越緊張，在工作中感受不到樂趣，沒有喜悅的滿足感，就說明有些事情不對勁了。如果我們不從心理上調整自己，即使換一萬份工作，也不會有所改觀。

一個人工作時，如果能以精益求精的態度，火焰般的熱忱，充分發揮自己的特長，那麼不論他做什麼樣的工作，都不會覺得辛勞。如果我們能以滿腔的熱忱去做最平凡的工作，也能成為最精巧的藝術家；如果以冷淡的態度去做最不平凡的工作，也絕不可能成為藝術家。各行各業都有發展才能的機會，實在沒有哪一項工作是可以藐視的。

如果一個人鄙視、厭惡自己的工作，那麼他必遭失敗。領導成功者的磁石，不是對工作的鄙視與厭惡，而是真摯、樂觀的精神和百折不撓的毅力。

不管你的工作是多麼卑微，都當以藝術家的精神，當有十二分的熱忱。這樣你就可以從平庸卑微的境況中解脫出來，不再有勞碌辛苦的感覺，厭惡的感覺也自然會煙消雲散。

常常有一些剛畢業的大學生抱怨自己所學的科系，試問：如果你所學的科系與個人的志趣南轅北轍，那麼，當初為什麼會選擇它呢？如果已經為你的科系付出了四年的時光，甚至更多的時間，這說明你對自己科系雖然談不上熱愛，但至少可以忍受。

所有的抱怨不過是逃避責任的藉口，無論對自己還是社會都是不負責任的。想一下亨利・凱撒（Henry John Kaiser）——一個真正成功的人，不僅因為以他為名的公司擁有十億美元以上的資產，更由於他的慷慨和仁慈，使許多啞巴會說話，使許多跛者過上了正常人的生活，使窮人以低廉的費用得到了醫療保障等等，這一切都是由凱撒的母親在他的心田裡所播下的種子生長出來的。

瑪麗・凱撒給了她的兒子亨利無價的禮物——教他如何運用人生最偉大的價值。瑪麗在工作一整天之後，總會花一段時間做義務保姆工作，幫助不幸的人們。她常常對兒子說：「亨利，不工作就不可能完成任何事情。我沒有什麼可留給你的，只有一份無價的禮物：工作的歡樂。」

凱撒說：「我的母親最先教給我對人的熱愛和為他人服務的重要性。她常常說，熱愛人和為人服務是人生中最有價值的事。」

如果你掌握了這樣一條積極的法則，如果你將個人興趣和自己的工作結合在一起，那麼你的工作將不會顯得辛苦和單調。興趣會使你的整個身體充滿活力，使你在睡眠時間不到平時的一半、工作量增加兩三倍的情況下，不感到疲勞。

工作不僅是為了滿足生存的需要，同時也是實現個人對人生價值的需要，一個人總不能無所事事地終老一生，應該試著將自己的愛好與所從事的工作結合起來，無論做什麼，都要樂在其中，而且要真心熱愛自己所做的事。

成功者樂於工作，並且能將這份喜悅傳遞給他人，使大家不由自主地接近他們，樂於與他們相處或共事。

羅斯・金說：「只有透過工作，才能保證精神的健康；在工作中進行思考，工作才是件快樂的事。兩者密不可分。」

六、每一件事都值得我們專心去做

每一件事都值得我們去做，而且應該用心地去做。羅浮宮收藏著莫內（Claude Monet）的一幅畫，描繪的是女修道院廚房裡的情景。畫面上正在工作的不是普通的人，而是天使。一個正在架水壺燒水，一個正優雅地提起水桶，另外一個穿著圍裙，伸手去拿盤子 —— 即使日常生活中最平凡的事，也值得天使們全神貫注地去做。

行為本身並不能說明自身的性質，而是取決於我們行動時的精神狀態。工作是否單調乏味，往往取決於我們做它時的心境。

人生目標貫穿整個生命，你在工作中所持的態度，使你與周圍的人區別開來。日出日落、朝朝暮暮，它們或者使你的思想更開闊，或者使其更狹隘？或者使你的工作變得更加高尚，或者變得更加低俗。

每一件事情對人生都具有十分深刻的意義。你是磚石工或泥瓦匠嗎？可曾在磚塊和砂漿之中看出詩意？你是圖書管理員嗎？經過辛勤勞動，在整理書籍的縫隙，是否感覺到自己已經取得了一些進步？你是學校的老師嗎？是否對按部就班的教學工作感到厭倦？也許一見到自己的學生，你就變得非常有耐心，所有的煩惱都拋到了九霄雲外了。

如果只從他人的眼光來看待我們的工作，或者僅用世俗的標準來衡量我們的工作，工作或許是毫無生氣、單調乏味的，彷彿沒有任何意義，沒有任何吸引力和價值可言。這就好比我們從外面觀察一個大教堂的窗戶。大教堂的窗戶布滿了灰塵，非常灰暗，光彩已逝，只剩下單調和破敗的感覺。但是，一旦我們跨過門檻，走進教堂，立刻可以看見絢爛的色彩、清晰的線條。陽光穿過窗戶在奔騰跳躍，形成了一幅幅美麗的圖畫。

由此，我們可以得到這樣的啟示：人們看待問題的方法是有局限的，我們必須從內部去觀察才能看到事物真正的本質。有些工作只從表面看也許索然無味，只有深入其中，才可能瞭解到其意義所在。因此，無論幸運與否，每個人都必須從工作本身去理解工作，將它看作是人生的權利和榮耀——只有這樣，才能保持個性的獨立。

每一件事都值得我們專心去做。不要小看自己所做的每一件事，即便是最普通的事，也應該全力以赴、盡職盡責地去完成。小任務順利完成，有利於你對大任務成功的把握。一步一個腳印地向上攀登，便不會輕易跌落。透過工作獲得力量的祕訣就蘊藏在其中。

七、腳踏實地，勤奮苦幹

如果給你一張報紙，然後重複這樣的動作：對折，不停地對折。當你把這張報紙對折了五十一萬次的時候，你猜所達到的厚度有多少？一個冰箱那麼厚或者兩層樓那麼厚，這大概是你所能想到的最大值了吧？透過電腦的類比，這個厚度接近於地球到太陽之間的距離。

沒錯，就是這樣簡單的動作，是不是讓你感覺好似一個奇蹟？為什麼看似毫無差別的重複，會有這樣驚人的結果呢？換句話說，這種貌似「突然」的成功，根基何在？

秋千所盪到的高度與每一次使力是分不開的，任何一次偷懶都會降低你的高度，所以動作雖然簡單卻依然要一絲不苟地「踏實」做好。

其實，這樣的動作和事情我們每個人都會做，但又不屑去做，他們貫穿整個日常生活，甚至你完成了這樣的動作，自己都不記得。比如你每天都會把垃圾袋拿出去扔掉，你會記得你用怎樣的動作扔掉的嗎？這也正像全世界都談論「變化」、「創新」等時髦的概念時，卻把「踏實」給忘記了。

懶漢們常常抱怨，自己沒有能力讓自己和家人衣食無憂；勤奮的人會說：「我也許沒有什麼特別的才能，但我能夠拚命工作以賺得麵包。」

古羅馬人有兩座聖殿，一座是美德的聖殿，一座是榮譽的聖殿。他們在安排座位時有一個順序，即必須經過前者的座位，才能達到後者的位置，勤奮是通往榮譽聖殿的必經之路。

一個人的品性是多年行為習慣的結果。行為重複多次就會變得不由自主，似乎不費吹灰之力就可以無意識地、反覆做同樣的事情，最後不這樣做已經不可能了，於是形成了人的品性。

因此，一個人的品性受思考習慣與成長經歷的影響，他在人生中可以做出不同的努力，做出善或惡的選擇，最終決定一生品性的好壞。

世界上到處都是一些看來就要成功的人——在很多人的眼裡，他們能夠並且應該成為非凡的人物——但是，他們並沒有成為真正的英雄，原因何在呢？

原因在於他們沒有付出與成功相應的代價。他們希望到達輝煌的巔峰，但不希望越過那些艱難的梯級；他們渴望贏得勝利，但不希望參加戰鬥；他們希望一切一帆風順，而不願意遭遇任何阻力。

「讓我們勤奮工作！」這是古羅馬皇帝臨終前留下的遺言。當時士兵們全部聚集在他的周圍。

勤奮與功績是羅馬人的偉大箴言，也是他們征服世界的祕訣所在。凱旋的將軍都要歸鄉務農，當時農業生產是受人尊敬的工作，羅馬人之所以被稱為優秀的農業家，其原因也正在於此。正是因為羅馬人推崇勤勞的特質，才使整個國家逐漸變得強大。

然而，當財富日益豐富，奴隸數量日益增多，勞動對於羅馬人變得不再是必要時，整個國家開始走下坡路。結果，因為懶散而導致犯罪橫行、腐敗滋生，一個有著崇高精神的民族變得聲名狼藉。

很多人習慣用薪水來衡量自己所做的工作是否值得。其實，相對於勤奮工作所帶給自己的機會而言，薪水是微不足道的，至少可以說是有限的。

加倫現在是美國一家建築公司的副總經理。五六年前，他是作為一名送水工人被建築公司招聘進來的。在送水的過程中，他並不像其他的送水工人一樣，剛把水桶搬進來，就一面抱怨薪水太少，一面躲在牆角抽煙。他每次都把每一個工人的水壺倒滿水，並利用他們休息的時間，纏著讓他們講解關於建築的各項知識。很快，這個勤奮好學的人引起了建築隊長的注意。兩週後，他被提拔為計時員。

當上計時員的加倫依然勤勤懇懇地工作，他總是早上第一個來，晚上最後一個離開。由於他對所有的建築工作，比如對地基、壘磚、刷泥漿等非常熟悉，當建築隊的負責人不在時，工人們總是問他。

有一次，建築隊的負責人看到加倫把舊的紅色法蘭絨撕開包在日光燈上，以解決施工時沒有足夠的紅燈來照明的困難，這位負責人便決定讓這個勤懇又能幹的年輕人做自己的助理。就這樣，他透過勤奮的工作抓住了一次次的機會，用了短短的五年時間，便升遷到了建築隊所屬的建築公司的副總經理。

雖然成了公司的副總，加倫依然堅持自己勤奮工作的作風，他常常在工作中鼓勵大家學習和運用新知識，還常常自擬計畫，自己畫草圖，向大家提出各種好的建議。只要給他時間，他便可以把客戶希望他做的所有事做好。

在今天這個充滿機遇和挑戰的社會裡，要想讓自己抓住機遇脫穎而出，就必須要求自己付出比其他人更多的勤奮和努力，積極進取，奮發向上，才能夠達成願望。所以，不管我們現在從事什麼樣的職業，都應該在自己的職位上勤勤懇懇地工作。

現實生活中，到處充斥著大批失業的人群，給人的印象是社會經濟對勞動力的需求不足。但事實上，卻同時有許多空缺的職位保留著，在報紙上、網路上到處是「誠聘員工」的廣告。不過，人們需要的是那些受過良好的職業訓練和勤奮敬業的員工。

年輕人如果看了林肯（Abraham Lincoln）的傳記，瞭解他幼年時期的境遇和後來的成就，會有何感想呢？他住在一所極其簡陋的茅舍裡，沒有窗戶，也沒有地板，用今天的居住標準看，他簡直就是生活在荒郊野外。他的住所距離學校非常遠，生活必需品都很缺乏，更談不上有報紙、書籍可以閱讀了。然而就是在這種情況下，他每天堅持不懈地走二十公里路去上學；為了能借幾本參考書，他不惜步行五六十公里路；到了晚上，他靠著燃燒木柴發出的微弱火光來閱讀……林肯只受過一年的學校教育，成長於艱苦的環境中，但他竟能努力奮鬥，一躍而成為美國歷史上最偉大的總統，成了世界上最完美的模範人物。

勤奮刻苦是一所高貴的學校，所有想有所成就的人都必須進入其中，在那裡可以學到有用的知識、獨立的精神和堅忍不拔的習慣。其實，勤勞本身就是財富，如果你是一個勤勞、刻苦的員工，就能像蜜蜂一樣，採的花越多，釀的蜜也越多，你享受到的甜美也越多。

實在做事並且堅持下去是對勤奮刻苦的最好注解。要做一個好的員工，你就要像那些石匠一樣，他們一次次地揮舞鐵錘，試圖把石頭劈開。也許一百次的努力和辛勤的錘打都不會有什麼明顯的結果，但最後的一擊石頭終會裂開。成功的那一刻，正是你前面不停地刻苦的結果。

為了達到更好、更大的工作成就，加薪也好，升遷也好，你必須不斷地奮鬥，而勤奮刻苦地訓練專業技能尤其必要。如果你是有志於工作的人，每天都應該把這個問題在自己的心中問上幾遍：「我夠勤奮嗎？」

年輕的約翰．沃納梅克（John Wanamaker）每天都要徒步四公里到費城，在那裡的一家書店裡打工，每週的報酬是一美元二十五美分，但他勤奮刻苦的精神讓人感動。後來，他又轉到一家製衣店工作，每週多加了二十五美分的薪水。從這樣的一個起點開始，他勤奮刻苦地工作，不斷地向上攀登，最終成為了美國最大的商人之一。一八八九年，他被哈里森總統（Benjamin Harrison）任命為郵政總局局長。

勤奮敬業的精神是走向成功的堅實基礎，它更像一個助推器，把你自己推到上司面前。如果有一天你得到了升遷，你應該自豪地對自己說：「這都是我刻苦努力的結果。」

八、懶惰是對心靈的一種傷害

懶惰的人如果不是因為病了，就是因為還沒找到最喜愛的工作。沒有天生的懶人，人總是期望有事可做。由病中痊癒的人，總是盼望能起床，四處走動，回到工作職位上做點事——任何事都可以。

懈怠會引起無聊，無聊會導致懶散。反之，工作可以引發興趣，興趣則促成熱忱和進取心。

克萊門特・斯通（William Clement Stone）曾經說過：「理智無法支配情緒，相反行動才能改變情緒。」選定你最擅長、最樂意投入的事，然後全力以赴付諸行動！

許多人都抱著這樣一種想法，我的老闆太苛刻了，根本不值得如此勤奮地為他工作。然而，他們忽略了這樣一個道理：工作時虛度光陰會傷害你的僱主，但受傷害更深是你自己。一些人花費很多精力來逃避工作，卻不願花相同的精力努力完成工作。他們以為自己騙得過老闆，其實，他們愚弄的只是自己。老闆或許並不瞭解每個員工的表現或熟知每一份工作的細節，但是一位優秀的管理者很清楚，努力最終帶來的結果是什麼。可以肯定的是，升遷和獎勵是不會落在玩世不恭的人身上的。

如果你永遠保持勤奮的工作態度，你就會得到他人的讚許，就會贏得老闆的器重，同時也會獲取一份最可貴的資產——自信，對自己所擁有的才能贏得一個人或一個機構的器重的自信。

懶惰會吞噬人的心靈，使心靈中對那些勤奮之人充滿了嫉妒。

那些思想貧乏的人、愚蠢的人和慵懶怠惰的人只注重事物的表象，無法看透事物的本質。他們只相信運氣、機緣、天命之類的東西。看到人家發財了，他們就說：「那是幸運！」看到他人知識淵博、聰明機智，他們就說：「那是天分。」發現有人德高望重、影響廣泛，他們就說：「那是機緣。」

他們不曾目睹那些人在實現理想過程中經受的考驗與挫折；他們對黑暗與痛苦視而不見，光明與喜悅才是他們注意的焦點；他們不明白沒有付出非凡的代價，沒有不懈的努力，沒有克服重重困難，是根本無法實現自己的夢想的。

任何人都要經過不懈努力才能有所收穫。收穫的成果取決於這個人努力的程度，沒有機緣巧合這樣的事存在。

九、善於抓住每一個學習的機會

要想做好本職工作，並且不斷地得到工作上的升遷，就必須不斷地學習新的知識。書本上的要學，實踐更要學，只有常備一顆上進心，工作才能取得更高的目標，才能實現更完美的目標。艾文· 托佛勒（Alvin Toffler）曾說：「在這個偉大的時代，文盲不是不能讀和寫的人，而是不能學、無法拋棄陋習和不願重新再學的人。」

哈佛大學的學者們認為，現在的企業發展已經進入了第六階段 —— 全球化和知識化階段。在這個階段，企業將變成一個新的形態 —— 學習型組織。在學習型的企業組織中，無論是分配你完成一個應急任務，還是反覆要求你在短時間內成為某個新專案的行家，善於學習都能使你在變化無常的環境中應付自如。

曾在一家大型跨國公司擔任銷售經理的懷特，三年來一直忙於日常事務，在與形形色色的客戶的應酬中度過每一天。如今，他的一位下屬，透過自學拿到了史丹佛大學的管理碩士學位，學歷比他高，能力比他強，在數年的商戰中獲得了豐富的經驗，羽翼日漸豐滿，銷售業績驚人。在公司最近的外貿洽談會上，他以出色的表現，令一位眼光很高、很挑剔的大客戶讚嘆不已，也贏得了總裁青睞，被委以經理重任，而懷特則慘遭淘汰。

巴里・傑林斯先生是美國電子產業協會的副主席。他一直知道自己要做什麼，他很早就打算進入電子領域，如願以償進了 GE 後，他發現大公司裡的高層基本上都是一隻眼忙於工作，一隻眼看世界。他開始關注世界形勢和總體經濟局面，對於老闆分配的任務他總是及時完成，他的好學得到了老闆的賞識，並得到升遷的嘉獎。

這些都是好學者成功的例子，他們在開始時都做著一些普通工作，沒有人注意他們，更沒有人會把他們當作競爭對手。可是他們並沒有放棄，堅持學習，不斷地充實自己。在這個世界上，機會總是會偏愛那些刻苦勤奮的人，不斷地努力付出總是會有回報的。

墨西哥人有一句諺語——「給他一條大魚，不如給他一根魚竿。」同樣的意思換個角度來說就是求魚不如求漁，作為一個求學者，學習方法應該比結果重要得多。

曾經有人問牛頓（Isaac Newton），為什麼能取得那麼大的成功？牛頓意味深長地回答：「我之所以比別人看得遠，是因為我站在巨人的肩膀上。」

凱特——一個在電子通訊領域剛興起時很有名的人，在他二十歲的時候，竟然出了一本二十萬字的書《電子通訊故障排除大全》，並且獲得不錯的市場反響。撇開他的爭議不說，他的方法倒很值得我們學習：透過大量的實踐與知識累積，廣泛收集相關資料，並盡可能地深入學習，成為該專業的專家。其實，凱特做的事情，絕大多數人也可以做到。

真正善於學習和工作的人，學習絕不是簡單的模仿，更不是照抄。所以，學習一定要結合自己的實際情況，知識、專業、經驗與社會閱歷都要考慮進去，切勿簡單模仿，弄巧成拙。

第六章　自動自發地負起責任

許多公司都努力把自己的員工培養成對待工作自動自發的人。工作自動自發的員工，會勇於負責，有獨立思考的能力。他們不會像機器一樣，別人吩咐做什麼他就做什麼。他們往往會發揮創意，出色地完成任務，而不能自動自發工作的員工，則墨守成規，害怕犯錯誤，凡事只求忠誠於公司的規則。當你嘗試著「把信送給加西亞」的時候，你的工作態度也會因此而改變。這樣一種敬業、主動、負責的工作態度和精神讓你的思想更開闊，工作變得更崇高。

一、行動的速度決定工作成就的大小

立即動手是一個員工在公司中能夠得以表現突出的必備素養。只有立即動手的人才能夠抓住轉瞬即逝的機會，也只有立即動手的人才能夠很快地將自己的想法付諸行動。

《英國十大首富成功祕訣》曾這樣分析當代英國頂尖成功人士，該書指出：「如果將他們的成功歸因於深思熟慮的能力和高瞻遠矚的思想，那就有失偏頗了。他們真正的才能在於他們審時度勢然後付諸行動的速度。這才是他們最了不起的，這才是使他們出類拔萃、位居業界最高職位的原因。什麼事一旦決定馬上就付諸實施是他們的共同特質，『現在就做，馬上行動』是他們的口頭禪。」在思考與決定之後就應該勇敢地去做。將自己的想法付諸行動才能夠將想像的結果變為真正的現實。

在工作中，作為員工肯定會面臨很多艱難任務或者難題。面對這些難題，一個人的心裡肯定會閃出很多想法：害怕失敗，害怕經驗不足。特別是作為新手，這樣的想法將會更加普遍。但是，在面對這一切的時候，必須拋棄一切恐懼和疑慮，立即動手去做。除了結果沒有任何其他的東西可以帶來真正的影響。立即動手正是去獲得結果的第一步。

海南有一個很有名的公司，那就是海口飲料廠。它之所以有名是因為它本來是一個瀕臨破產的公司，最後卻成為海南當地的明星公司。

在王光興就任海口飲料廠廠長之後，這個公司面臨的是這樣的狀況：產品滯銷，無法增值的資金，生產停頓。面對這樣的狀況，他下了一個命令給廠內的產品質檢和研發部以及市場部的員工們：在十五天之內改進主產品的原料結構，使之更加符合現代人的口味，並做出全國的市場分析詳細報告。

十五天！這並不是一個簡單的任務。面對這樣的任務，員工們有兩個選擇：第一個是，改造救活這個公司是一個無法完成的任務，算了吧，肯定會失敗的；第二個是，立即動起手來，開始分析原因研究配方，開始調查市場，開始計畫，並將這一切落到實處變成現實。很顯然，海口飲料廠的員工們選擇的是後者。

靠著這種捲起袖子幹活的精神，他們在十五天做到了王光興所要求的一切。也正是靠著這樣的精神，這個公司在不到三年的時間內，由一個積壓了八百多噸產品的公司變成了一個年盈利一百零八萬元的當地明星公司，公司資產比在他們開始行動起來做調查、研究之時增加了四倍。

後來員工們回憶說，如果當時他們的猶豫真的超過了行動起來的決心的話，那麼他們的公司永遠不可能有後來的成功。面對困境和艱難的任務，如果不捲起袖子幹活，這種困難就將會漸漸磨滅人的決心和意志，最後的結果就會是人的惰性最終獲勝，從而使得任何美好的計畫都功虧一簣。

面對無數的計畫和任務，如何取得第一主動權將是工作是否成功、是否能獲得同事與上級主管的敬意與賞識的最重要的一環。過多抱怨、害怕，不如將這樣的時間用在積極的行動上。

著名美國時間效率專家蘭肯曾經這樣評價：「面對任何任務，沒有不可能完成的，沒有特別可怕的，你需要的僅僅是開始做起來，這才是你最應該關注的。因為它將使你獲得先機與繼續行動的動力，而這樣『僅僅做起來』最終將帶領你走向成功。」而另一位現代商業社會中的成功人士，英國迪阿吉奧飲料集團公司的創始人尤拉・霍爾這樣對他的傳記作者說：「在我開始創業的時候，我從來沒有想過有任何事情使我害怕去做，我首先想的是如何趕快開始，趕快將自己的想法變為實際的行動，這樣我最終將獲得我想要的一切。」

在現代社會中，如何獲得先機是一個非常重要的目標，當一個公司、一個員工群體面對著挑戰的時候，最重要的就是如何不浪費最初的寶貴時間，這就是最需要的！

所以，不用再猶豫，立即行動！

二、勇於付諸行動

不要用可怕的結果嚇唬自己或是嚇唬別人，首先要捲起袖子幹活。只有這樣才知道結果是否真的很可怕，經驗表明，百分之九十五以上的可怕猜測會因為捲起袖子幹活而自然消失。

邁出第一步是很重要的，但更重要的是在邁出第一步之前就下定決心，用行動而不是用害怕和猜疑去面對事實。如果行動受到猶豫遲疑的阻礙，哪怕是一丁點的小任務也不會圓滿地完成。

海爾集團 CEO 張瑞敏有一次問管理層人員：「怎樣才能讓

石頭在水面上浮起來？」有人回答：「把石頭挖空。」有人答：「把木塊綁在石頭上。」……對於這些回答，張瑞敏搖了搖頭。有一個人回答：「用很快的速度擲出去——打水漂可以讓石頭浮起來。」張瑞敏深表贊同地點點頭。張瑞敏想透過這個提問讓海爾的管理階層明白：排除猶豫、快速行動是公司致勝的關鍵。

面對工作上的任務，有的人會在計畫好之後立即開始行動，以行動來檢驗最後的結果。然而也有另外一些人，卻對此猶豫，在他們的腦海中會毫無根據地出現各式各樣的結果。於是他們便開始考慮著逃避，開始想著用編造的結果來敷衍上司。這樣的人組成的團隊將是一個沒有積極性、無法創新的團隊，因為他們害怕的就是開始新的工作，他們無法面對未知的因素。一個成功的公司就是建立在成功的員工團體之上的。永遠記住一點，在面對任務、工作時，每個員工的實際行動才是公司成功的起點。

羅賓・艾倫，哥倫比亞保險公司——加拿大最大的保險公司的董事長和總經理，在她剛進入這家公司的時候，她不過是一個小小的職員而已。她工作時非常的積極勤奮。當然這一切都被上司看在眼裡。因此，她獲得了一個新員工所能夠獲得的中級職位。一天，公司的市場發展部經理找到她並與她談了一次。原來，公司看到了她在工作中的勤奮和努力，希望她能去負責安大略省的保險業務！這是一個天大的好機會，然而也是一個很大的難題和挑戰！因為她從來沒有以一個省份的保險負責人的身分工作過，而現在這項工作又意味著整個公司在安大略省的長遠發展。這樣重大的責任，讓她猶豫了。「我能夠做好這項工作嗎？萬一失敗了怎麼辦？」這樣的念頭不時出現在她的腦海裡。然而真正讓她轉變思想的是她的一位舞蹈老師安德韋，安德韋對她說：「你真的想去做嗎？如果是的話，在開始之前請不要畏懼任何東西，不敢開始的人永遠只能得到平庸。」做一個無畏的人，這就是她真正決定動手去做時的最簡單的想法。她克服了自己之前的膽怯，堅定了把新任務做好的決心。她在新事業上投入了最大的精力，最終上帝沒有辜負勇敢而努力的人。

在面對自己的夢想，面對自己的工作時，也許會有很多人勸阻你，你也可能會面對很多的問題與疑慮，但是，你首先要勇敢地放棄毫無意義的害怕與懷疑。邁出第一步是很重要的，但更重要的是在邁出第一步之前就下定決心，用行動而不是用害怕和猜疑去面對事實。如果行動受到猶豫遲疑的阻礙，哪怕是一丁點的小任務也不會圓滿地完成。當公司員工以這樣的工作狀態出現時，他將不會有任何成就。

現代公司間的競爭實際上就是員工的勇氣和膽識的競爭。要造就一個真正優秀的公司必須擁有真正優秀的員工，這一點毋庸置疑。世界五百強排名第六十六位的美國百貨公司的員工手冊裡的第一句話就是，「戰勝恐懼，勇敢前行！」在這裡，員工們都被訓練成為充滿自信、勇敢去做的人。在這家公司裡，大家信奉這樣一條原則：在真正行動之前，不要自己嚇倒自己。正是這樣的信條，使得一家無論在資金還是銷售網路上，都無法與沃爾瑪等巨頭相比的零售公司，能夠在競爭異常激烈的零售行業立足至今。一個由眾多勇於開創的員工組成的公司將是在未來興起的公司。

三、失敗害怕敢於行動的人

在公司中，誰是勇敢嘗試的員工，誰就能為公司創造巨大價值，也就能給自己以最高的價值體現。相反，那些越是害怕失敗、越是猶豫的人，卻越容易遭遇到真正的慘敗。

絕大多數時候，那些看起來不可能完成的事情，或者以為結果會很糟糕的事情，在你真正動手去做以後，其結果往往卻是正面積極的。也就是說當你不再害怕、不再猶豫之後，失敗也就開始害怕了你，而成功卻會開始青睞你 —— 失敗害怕敢於嘗試的人！

「我一直都在尋找那些擁有無限能力，並相信沒有什麼是做不到的人。」亨利· 福特（Henry Ford）說過。因為只有這樣的人，才會把握住最有利的機會，並帶領人們獲得成就。勇敢的人也會遭遇失敗，勇敢的人也並非時時順利，但是敢於行動的人最終將成功。因為做得越多，成功的機會也就越多，失敗也就越遠。

毛利· 威爾斯（Maurice Morning Wills），曾被人認為是最不可能進入美國超級職業棒球隊競賽聯合會的棒球明星。然而在一九六二年，威爾斯打破了聯合會偉大前輩的盜壘記錄，被授予了聯合會最有價值球員的稱號。一個似乎是要永遠呆在小競賽聯合會中，注定只能在職業生涯中平平庸庸的球員變成了一位超級明星。這一切都是因為在任何夢想與任務面前，都勇敢地嘗試、堅持，在一年一年、一次一次的遭遇失敗之後繼續努力，最終獲得成功。當機會來臨時、當有機會飛過的時候，勇敢堅持嘗試的人已經準備好，並抓住了它。

「幸運就是機會遇到了準備。」而準備的前提是你首先成為一個敢於嘗試的人。

在公司中，勇敢嘗試的員工會在實施專案的過程中不斷總結自己，從而獲得越來越多的經驗和機會。而懦弱逃避的員工卻總是越失敗越害怕，最終完全喪失勇氣。一點一點的不斷成功可以鼓舞人們更大的勇氣與自信，而這一點一點的不斷成功只有勇敢嘗試的人可以得到。

四、猜測是懦夫的行為

面對任何事情與任務，注意對自己這樣說：樹立你的信心，加入到勇敢自信者的行列，把猜測留給懦弱無能的人！

用不同的分法可以將人們分為不同的人。用行動與否，我們可以將世界上的人分為勇者與懦夫兩種人。勇者敢於自信、敢於行動，敢於挑戰，面對任務與事業精神奮發、積極行動，因而總是能夠搶占事業的先機；而懦夫則永遠是唯唯諾諾，猶猶豫豫，面對要做的事業前怕狼後怕虎、總是猜想會出現最糟糕的結果，從而拖延時間，錯失良機。

很顯然的是，這個世界的成功與勝利屬於前者。一個由自信、勇敢的員工組成的公司才會是市場上的真正贏家，而那些由懦弱、猶豫的員工組成的公司，其最終的結果就只能是成為贏家的勝利品。

事實上，據研究表明，這個世界上有三分之二的人信心不足！瑞士國際調查研究中心曾經做過這樣一個調查問卷，研究人員在世界上八十多個國家發放了大量的調查問卷，其調查對象涉及多個社會階層，其中有一道相當重要的問題是：你認為自己最困難的私人問題是什麼？在八萬多名應答者中，百分之七十五的人在答卷上選擇「信心不足」。

據世界衛生組織介紹，世界上有人約三分之二的人營養不良。物質上的營養不良將會使人身體無法正常發育，而信心不足，則是一種心理上的營養不良，這種營養不良結果同樣很嚴重：它將使一個人的巨大潛能無法正常發揮，從而使人永遠只能處於成功的邊緣。在面對任務、工作的時候，很多人選擇猶豫害怕的態度，同樣與缺乏信心有著重要的聯繫。

如此重要的信心到底是什麼？信心不是天生具有的，而是志向、是經驗、是日積月累的點滴成功哺育而成的，任何人，只要自己願意，都可以擁有信心，從而擁有成功。千百年來，面對無數挑戰，人們對人自身的信心就抱有很高的期望。

《聖經》是西方人的重要精神糧食，而這部偉大的經典裡對人性的總結分析也一直引起眾多的關注。關於信心，《聖經》說：「如果你有一顆芥菜籽的信心，你即會對此山說，由此處移往彼處，而它真的就會遷移。因而沒有一件事絕對是不可能的。」

十九世紀的思想家愛默生對於信心也有自己的獨特看法：「相信自己『能』，便會攻無不克。」而另一個偉大人物拿破崙（Napoleon Buonaparte）則公開演講：「在我的字典裡沒有不可能。」

美國前總統雷根（Ronald Wilson Reagan）一次對《成功》雜誌傳記作者這樣說：「創業者若抱著無比的信心，就可以締造一個美好的將來。」

信心的力量是無比強大的，那是真正勇敢者的遊戲。遺憾的是世界上卻有如此多的人受到自卑的困擾。一個信心不足的員工有可能成為一個公司成功的隱患，因為公司的成功也許就在於某一個專案的積極推進。而一個信心不足的員工在面對這樣的專案時，他做的肯定就只能是在猶豫害怕之間失去良機。只要改變自己的心態，將自卑變為發憤的動力，每一個員工都能夠走向成功與卓越。

但是無論什麼樣的變化，信心的培養都是需要訓練的，沒有任何人能夠無師自通。巴金是中國最有成就的傑出作家之一，但是他自己也說，在公開演講方面始終缺乏信心，因為他缺乏這方面的訓練。你的目標是做一個優秀的公司員工，為公司和自身的事業成功做出自己的努力，那麼你同樣需要進行信心方面的專門培養。

其實，這樣的培養也是很簡單的：對自己進行成功的心理暗示。正如成功學家希爾（Napoleon Hill）曾指出：「信心是一種心理狀態，可以用成功暗示法去誘導出來。」「對你的潛意識重複灌輸正面和肯定的語氣，是發展自信心最快的方式。」其次，你也可以尋找力量。無數成功人士都曾經歷過信心不足的困境，但他們最終都戰勝了這一點，他們的例子揭示獲得信心的最好途徑。同樣，諮詢有成功經驗的人也是一種尋找力量的極好辦法。最後，你還可以進行自我分析，在分析中超脫自我，列舉自己的成就，確認自己的優勢，這些都是很簡單而行之有效的培養信心的方式。樹立必勝的信心，其實沒有很多的訣竅，關鍵在於你自己下定決心去行動，去獲取成功的經驗。

五、行動之後才見結果

無論是怎麼樣的結果都只有在真正行動之後才會出現，這是任何人，特別是一個公司員工在面對自己從來沒有做過的專案的時候應該牢牢記住的一點。

沒有任何人可以未卜先知，沒有任何人可以完全預測行動的結果，更沒有任何人可以在行動之前說你必將失敗，因為無論什麼樣的結果，只有在行動之後才會出現，而當你勇敢地行動起來時，這樣的結果往往將變成你自己與公司的一次新的成功。

當諾貝爾（Alfred Nobel）決定要研發新的烈性炸藥時，沒有任何人相信他，而且當大家看到他的親弟弟在試驗中喪生時，都一致預言，如果諾貝爾不選擇放棄的話，他最終的結果只能是將自己炸死。

然而，勇敢者相信的永遠只能是現實，諾貝爾選擇了拋棄害怕、猶豫，讓行動來促成結果的出現。最後，他成為黃色炸藥的偉大發明者。

美國亞特蘭大市，因為曾經舉辦過神聖的奧運而聞名於世，然而，這個城市在舉辦一九九六年奧運之前其實不過是美國一個很少有人知曉的城市。但是這個偉大的結果最終還是出現了。這要歸功於比利・佩恩（Billy Payne）的偉大勇氣與不懈的努力。

當比利・佩恩最初在一九八七年產生申辦奧運的想法時，就連他的朋友都懷疑他喪失了理智。但是他相信的是自己的行動，他堅信最終的結果只有在行動之後才會出現。而在這之前的一切說法都不過是自己的臆測。他放棄了律師合夥人的職位，全身心地投入到這項活動中。他開始四處奔走，並以最大的努力獲得了市長的大力支持，組成了一個合作小組，然後用極大的熱情說服了眾多大公司向他們的小組投入了資金，並且在世界各地巡迴演講尋求支持。他們每到一個地方就用一個「亞特蘭大房舍」，邀請國際奧會的代表共進晚餐，以增進代表們對亞特蘭大的瞭解。

時間一點點累積，努力也一點點在累積，最終在一九九〇年九月十八日，比利・佩恩和他的同伴們的努力與行動贏得了回報，國際奧會打破傳統做法和慣例，將一九九六年奧運的主辦權交給了第一次提出申請的美國城市亞特蘭大！

比利・佩恩曾經這麼說過：「我一直都有這樣的觀點，我不喜歡周圍消極的人們，我們不需要有人經常提醒我們成功的可能性不大；我們需要那些積極向我們提供策略和解決問題方法的人。實際上我們最終是靠自己來做事，並且我們有意識地做出決定要從失敗中學習到經驗教訓。」

比利・佩恩和他的團隊之所以取得這樣的成功，就是因為他們明白這樣一個道理，無論是怎麼樣的結果，都只有在真正行動之後才會出現，這是任何人，特別是一個公司員工在面對自己從來沒有做過的專案的時候應該牢牢記住的一點。只有這樣你才會累積起真正的勇氣去面對一切困難，從而獲得在別人或者自己看來都是不可能的一切。

六、服從精神＝尊重＋責任＋紀律

服從精神是尊重、責任和紀律的統一體。尊重長官，你才會去服從長官；尊重制度，你才會去遵守制度；尊重任務，你才會去認真執行任務。

可見，沒有尊重，就沒有服從，而沒有服從，執行也無從談起。一個富有責任心的人，不用別人逼迫，不用他人監督，就能認真服從命令，主動積極地完成任務。

阿爾伯特・哈伯德（Elbert Green Hubbard）曾對此有過精彩的描述，並依據人的不同行為和表現，把人歸為以下五種類型：第一種人，無需別人告訴你，你就能出色地完成任務；第二種人，別人告訴了你一次，你就能去做。就像羅文中尉（Lt. Andrew S. Rowan），那些能夠送信的人會得到很高榮譽，但不一定總能得到相應的報償；第三種人，別人告訴了他們兩次，他們才會去做。這些人不會得到榮譽，報償也很微薄；第四種人，只有在形勢所迫下才能把事情做好，他們能得到的只是冷漠而不是榮譽，報償更是微不足道。第五種人，即便有人追著他，告訴他怎麼去做，並盯著他做，他也不會把事情做好。這種人總是失業，遭到別人蔑視也是咎由自取。

很顯然，第一種人和第二種人能為公司創造巨大的財富和價值，他們必定能活得精彩，前進的道路上也充滿了鮮花和掌聲，當然也有淚水和汗水。畢竟第一種人在現實中太少，不必強求每個人都成為第一種人，但第二種人卻是每個人都能做到的，只要你有足夠的責任心和服從精神，你就能成為另一個「把信送給加西亞」的人。第四和第五種人根本不具有服從精神，他們不僅不能為公司創造價值，還會成為公司的包袱和累贅，他們只想從公司索取，而不願奉獻。若是指望把工作交待下去，就可放寬心讓他們去做，那就大錯特錯了！他們不是到時未完成任務，就是交上來的東西是有缺陷和毛病的「次品」，結果別人不得不給他們擦屁股，處理善後。

可見，沒有服從精神，執行就難以到位，更無法貫徹落實。第三種人若肯再積極主動一些，責任心再提高一些，服從意識再增強一些，他們的執行水準和工作績效會大大提高，也可以轉變為備受人們尊重、信任和放心的羅文中尉那樣的人。

一支沒有紀律的組織，只是一群烏合之眾，就像一堆散落零亂的貨物；紀律嚴明的組織，才能彰顯其強大的勢能和威力，才能成為一支令敵人聞風喪膽的強大組織。紀律是什麼？就是依照規章制度或上級命令，認真履行，毫不含糊；就是長官讓你一小時完成任務，你就不能拖到一小時零一分；就是當你站崗值勤時，蚊蟲叮咬面頰，也不去拍打撓癢。

一位戰士的母親到部隊來探望兒子，一天吃午飯時，戰士被允許陪母親在營隊的宿舍裡吃飯。他們用餐期間，班長到宿舍一會兒拿東西，一會兒又放東西，進進出出了好幾趟，每進來一次，戰士就會立即從椅子上站起，行個軍禮說：「班長，好！」班長出去一次，戰士又會迅速放下飯碗，站起來，行個軍禮說：「班長，好！」就這樣，班長來來回回數趟，戰士就不厭其煩地站起來數次，並一邊行軍禮，一邊說：「班長，好！」一旁的母親看了很詫異，輕聲問兒子：「為何每次都得這樣？」兒子認真地說：「這就是部隊的紀律。」有了高度嚴明的紀律，服從精神才能真正體現出來。很難想像一個行為散漫，工作拖拖拉拉，沒有紀律觀念的人，會認真服從上級的指令？會不折不扣地履行承諾？會自動自發地完成任務？

嚴明的紀律是 Intel 企業文化的一個支柱。安迪· 葛洛夫(Andrew Stephen Grove) 認為紀律是決定一家公司成敗的關鍵，一支沒有紀律，或紀律鬆懈的組織，是根本不可能獲勝的。因此，他特別強調紀律，並將其滲透公司管理層面。在作息制度上，Intel 公司曾有一個「名聲不佳」的八點簽到制。八點上班時，任何人只要遲到五分鐘，就得在特別準備的簽名簿上留下大名。Intel 還有一個「清潔先生」檢查制度，每個月一次，由資深經理負責檢視公司各個角落的整潔、衛生，並評定分數。此外，該公司還把「讓員工注重細節」列為必須嚴格遵守的一條紀律。安迪・葛魯夫認為，高科技所有的偉大皆藏於細節裡，晶片中零點一八微米的線寬，代表了一家公司在技術領域追求細節突破的偉大成就。

紀律不是一個抽象的東西，而是實在具體反映在每個細節中的東西。對公司員工而言，準時上、下班，按公司要求著裝，不在上班時間做私事，按銷售指標完成任務，按信用政策向客戶發放信貸，堅持「品質第一，客戶至上」的原則，堅持股東利益最大化的原則，就是紀律！

紀律是對人們行為的一種約束，是確保做事正確、行動有效、執行到位的有利武器。執行紀律時，絕不能因人而異，也容不得半點仁慈和憐憫，否則，紀律只是個擺設。

「最低的收費，最佳的服務」是希爾頓飯店引以為傲的經營理念。在提倡最佳服務時，希爾頓先生（Conrad Nicholson Hilton）堅持全體飯店員工必須做到「和氣為貴，顧客至上」，他告誡員工，要盡最大努力為顧客提供優質服務，飯店的一切應從方便顧客，讓顧客滿意出發。

有一次，一位經理在解答顧客問題時，態度生硬，與顧客頂撞爭吵起來。儘管這位經理平日工作很努力，管理經理十分豐富，但這次與顧客的爭執，卻讓他丟了飯碗。他不服氣地找到希爾頓先生希望其改變主意，希爾頓先生嚴厲地說：「你違背了飯店原則，即使你再優秀，也不適合呆在這裡。」違反公司的規章制度和經營政策，就是不遵守公司紀律。對此必須照章辦事，不能因為是優秀人才就姑息遷就，任其為所欲為。只有這樣才能樹立權威，嚴明紀律，讓大家信服並遵照執行。管理學家將這種懲罰原則稱之為「燙爐法則」，意思是說，當下屬在工作中違反了規章條例，就像去碰觸了一個燒紅的火爐，一定要讓他受到「燙」的處罰，其作用共有四個方面：(一) 即刻性：當你一碰到火爐，立即會被燙傷；(二) 預警性：燒紅的火爐一眼就能看見，你知道觸碰它，肯定會被燙傷；(三) 均等性：任何人觸碰火爐，無一例外，都會被燙傷；(四) 執行性：燙傷之苦不容商量，只要誰敢碰觸火爐一定會嚐到苦頭。

毫無疑問，如果每個員工都能為了公司的利益，時刻警覺和約束自己的不良行為，時刻提醒自己「我絕對不能失敗」，並在每個細節上自覺遵守紀律，員工的執行水準將大大提高，公司的績效也會有顯著成長。

七、執行的前提是服從

服從就是無條件的執行，就是不找任何藉口，快速認真的依上級指令完成任務。沒有認真踏實的態度，沒有一步一腳印的行動，沒有親力親為的實踐，沒有不折不扣地執行，就沒有從零到一的轉換和質的飛躍。

沒有服從，就沒有執行！良好的服從精神是確保不折不扣、有效執行的前提。那麼，服從精神是什麼？就是對上級下達的指令和任務欣然接受，毫無怨言，全力以赴地貫徹執行；

就是不講條件，不問原因，不計較報酬，不折不扣地落實完成；就是無論遇到什麼困難，遇到多大阻力，都會恪盡職守，想盡一切辦法達成目標。服從不是盲目的，不是閉著眼睛魯莽瞎撞，而是欣然接受命令，勇於承擔責任，認真評估各種狀況，找出解決方案，克服一切障礙，正確及時地完成任務。

把信送給加西亞的羅文中尉就是一位將「服從精神和執行」完美結合的典範。他從美國總統手中接過寫給加西亞的信，並沒有問：「他在什麼地方？」；也沒有問：「我該如何找到他？」；更沒有以談判的口吻問：「這次行動後，我會得到什麼獎賞？」；或拖拖拉拉，遲遲不肯上路，而是忠於上級的託付，迅速採取行動，自行找到解決問題的途徑，全力以赴地完成任務——把信送給加西亞。

服從就是無條件的執行，就是不找任何藉口，快速認真的依從上級指令完成任務。在戰場上，倘若一個士兵執行任務時總要問為什麼，他能不折不扣、堅定不移地完成任務嗎？總是對上級的指令表示懷疑，他能在緊要關頭，毫不猶豫地堅決服從命令嗎？

推及到公司裡，一名員工對公司的管理制度和行銷政策總是嗤之以鼻，嘲笑制度死板，抱怨銷售指標太高，他能自覺地遵守各項條規，百分百地執行目標嗎？總是一副自命不凡的樣子，認為上級主管的能力還不如他，根本不把長官放在眼裡，他能認真按照主管的意思去完成任務嗎？接獲任務時，總要講條件、問原因、找理由，一副推三阻四，不情願的樣子，他能高品質、圓滿地完成任務嗎？

一家公司推出了一種新產品，需要銷售人員配合市場人員，到第一線去瞭解客戶對新產品的使用情況、需求狀況和滿意度水準，以及競爭對手的反應，並調查是否有替代品出現等資訊。然而，銷售人員一個個消極抵抗，根本不按公司要求去瞭解和搜索資訊，並振振有辭地說：「我們的工作就是銷售產品，如果花時間在收集市場資訊上，銷售任務如何完成？」

銷售人員最主要的任務是銷售產品，這點沒錯，但絕不是蒙著眼睛瞎撞，而要「眼觀六路，耳聽八方」，隨時掌握市場、客戶、競爭對手的情況，並有義務和責任將這些資訊第一時間回報給公司，使公司及時調整和制定策略，以應對市場變化，從而有效地促進銷售工作。毫無疑問，公司制定的任何策略，下達的任何任務，都是有指向、有目的、有原因的。如果實施每個任務前，員工不能痛痛快快地去落實，都要討價還價，找藉口去推託，公司的計畫如何落實？目標如何實現？這說明公司應花時間去培養員工的敬業精神和服從意識，讓員工意識到敬業和服從是每個人應具備的職業道德，沒有敬業和服從精神的人，是沒有道德、不可信任的，是根本不可能圓滿完成任務的。

八、執行＝腳踏實地＋執著力＋精益求精

許多人總想做一番轟轟烈烈的大事，對眼前的瑣碎小事卻不屑一顧、不以為然；他們好高騖遠，總想去摘天上的月

亮，卻無法認真對待每次機會，盡心盡力去做好手中的事；他們三心二意，這山望著那山高，卻不能靜下心來，踏踏實實地專注於當下的工作；他們雖有很多好的想法和點子，卻不能把這些漂在空中的想法轉為一個個可以落地的實際行動。他們忘了「不積跬步，無以致千里」的古訓，成天活在自己編織的夢幻世界裡，浮躁、空想、急功近利代替腳踏實地，他們充其量只能稱之為「夢想家」，而非行動者、實踐者和執行者。

其實，在我們身邊不乏資質甚高的聰明人，也不乏能力頗高的優秀人才，為何他們卻平庸無奈地活著？為何多年來他們在事業上未有多大拓展和前進？為何他們總是遊走在各家公司，痛苦地找不到自己的位置？就是因為他們缺乏吃苦耐勞，腳踏實地的精神和強韌的執著。

試想一下，倘若愛迪生（Thomas Alva Edison）只是躺在被窩裡構想一個個發明，而不腳踏實地的親自實踐，又怎能使構想變為觸手可及的現實？如果沒有持之以恆的韌性和執著，不在上千次的實驗中做排除法，他又怎能發明白熾燈，並廣泛地運用到我們的生活中？

倘若麥可· 喬丹（Michael Jeffrey Jordan）不能踏踏實實地從拍球、運球、傳球、投球這些最基本的動作練起，日後他怎能成為灌籃高手？又怎能創造球壇神話？

倘若女排教練陳忠和無法耐住寂寞，腳踏實地的從陪練做起，又怎能在關鍵時刻抓住機會，勝任國家隊主教練一職？倘若她沒有多年的基層工作實踐，又怎能吸取歷屆教練的有益經驗，發現每個隊員的優勢、特長，並衍生出自己的一套獨特打法，最終帶領球隊一舉奪冠？

倘若戴爾公司 CEO 邁克・戴爾（Michael Dell）不能在創業初期，從一名普通的銷售人員做起，又怎能體會產品、市場、客戶、銷售和利潤之間的微妙關係，又怎能瞭解和掌握公司營運中每個環節對銷售成敗的影響，又怎能擔任公司 CEO 後，得心應手地管理公司，並創造出傲人的銷售業績？

任何偉大的成功都在於執行！都在於腳踏實地的執行！都在於執著的執行！

很多人小時候聽過小白兔的故事，小白兔一會兒想學猴子爬樹，一會兒想學鴨子游泳，一會兒又想學百靈鳥唱歌……一天一個主意，一天一個想法，三心二意，毫無專注力，更未把這些主意和想法，堅定不移、踏踏實實地做到底，所學的每樣東西僅是淺嘗輒止，最終一事無成。

有一個農夫一早起來，對妻子說要去耕地。當他走到地裡時，發現耕耘機沒有油了，準備立刻去加油，突然，想到家裡飼養的三、四隻母豬還沒有餵食，於是趕回家去。途經倉庫時，他發現倉庫旁邊的幾顆馬鈴薯發芽了，隨即捧起馬鈴薯往田裡走。途中經過一個木材堆，他又記起家中需要一些劈柴，正當他要去取柴火的時候，看見了一隻生病的小雞躺在地上，於是他又抱起小雞往家裡走……這樣來來回回跑了幾趟，這個農夫從早上一直忙到夕陽西下，油沒有加，豬沒有喂，田沒耕，最後什麼事也沒有做成，更別說做好。

相信現實生活中，有很多人跟故事中的農夫一樣沒有定性，總是同時周旋在幾件或上十件事務中，無法踏踏實實，認認真真做完一件事，使許多好專案、好計畫、好方案就這樣沒了，這個致命傷就是缺乏執行力。

如果把這個農莊比作一個公司，農夫不能對如何解決公司裡的種種問題事先作統籌安排，不能確立明確的目標和實現目標的先後順序，沒有設計良好的業務流程和執行機制，只是拍著腦袋做事，想到哪兒，就做到哪兒，必然會顧此失彼，喪失市場競爭力；也會因為三心二意，缺乏定力，東一槍西一炮，使執行者無所適從，信心大減而導致計畫的執行性大打折扣。除此之外，還會出現另外一種狀況，那就是制定了周詳細緻、確實可行的戰略計畫，但執行者卻不能堅定不移地貫徹執行，經常根據個人的意志擅自修改計畫，使目標出現變化，計畫無法有效落實；或在行動中遇到阻礙，執行者不去想辦法克服困難，解決問題，而是遇難則退，導致計畫最終破產；或接獲任務時信誓旦旦，把話說得又大、又漂亮，輪到執行時卻是另外一副模樣，使計畫難以真正落實到位。

可見，縱然有凌雲壯志、雄才偉略、橫溢才華，沒有腳踏實地的行動，沒有勤勤懇懇的努力，沒有堅持、再堅持的韌性，沒有以結果為導向的執行，所有夢想、理想、目標和美好的願望，都是空想！

有一家保險公司的業務員在進入公司的第一年，就取得了極佳的銷售業績，並在當年用自己賺來的錢，購置了一部轎車。同事們都極為羨慕他，問他有何銷售訣竅，他謙虛地說：「銷售沒有什麼技巧和捷徑，只要你不怕吃苦，踏踏實實去做，總會有所收穫。我總結出一條規律——八十：三，就是說，走訪了八十個客戶之後，才可能獲得三份保單。」他耐心地講述到……

如果你走訪十個客戶都碰了釘子，那是很正常的；走訪二十個客戶又碰了釘子，也沒有什麼稀奇；走訪三十個客戶又碰了一鼻子灰，也沒有什麼好抱怨的，調整好自己的心態，繼續走；走訪四十個客戶都讓你吃了閉門羹，你也無需灰心，不要輕言放棄，你必須堅持，因為一旦放棄，等於前功盡棄，你什麼都沒有了，成功的機率歸零

；倘若走訪五十個客戶仍沒有一份保單成交，你還是不要氣餒，繼續往前走，你要想著希望就在前面；走訪六十個客戶仍看不到一線光明，你要給自己打氣，告訴自己：這是一次很有意義的長途跋涉，必須堅持下去；當你走訪了七十個客戶後，有幸獲得了一份保單，你應該為此舉杯慶賀一下，因為這是成功的信號，是能量轉變的開始，此時不要停頓，加快腳步，繼續往前走；當你走訪了八十個客戶後，你又幸運地成交了兩筆業務……只要你堅持這樣走下去，好運將一直伴隨你。

那位保險業務員還講了他的一次親身經歷：在一個烈日炎炎的夏日，他在一個居民社區接連拜訪了五十位客戶，都被婉言拒絕了，他有點心灰意冷，加上又累、又渴、又熱、又乏，真想放棄努力，回家好好休息，但轉念一想，既然大老遠

跑過來了，為何不把事做完呢？再堅持一下，或許幸運就在後面三十位客戶中。於是，他又振作精神接著做，皇天不負苦心人，那天他一下贏得了五份保單。

成功者一個很大的特質就是執著和堅持！他們對目標有著執著的信念，不管遇到多大困難，他們對目標始終不懷疑、不動搖，更不輕言放棄，而是想盡一切可能找到致勝的方法，堅定不移地朝目標挺進。堅持、再堅持，使他們克服了一個又一個艱難險阻，最終實現了人生突破，也由此贏得了人們的敬佩和讚譽。

毫無疑問，光想不做，是沒有結果的；做而不堅持，也無法最終達成目標；做而不精細，即使完成了任務，也可能是粗糙、有瑕疵、有紕漏的。這樣的執行自然是不盡如人意。

試想一下，如果公司好不容易爭取到一份訂單，結果產品生產出來後，品質上存在諸多問題，若是這樣交付給客戶，等於自己砸自己牌子，弄不好還要向客戶支付大筆賠償金；若是返工重做，恐怕時間來不及，延遲交貨，同樣會引起客戶不滿……造成公司陷於兩難境地的原因，不是員工沒有執行，而是沒有不折不扣地執行。

若公司產品品質沒問題，貨物也按時抵達客戶那裡了，卻在卸貨搬運的過程中，送貨員不小心撞壞了一件產品，客戶肯定會極為不滿。很顯然，這是一次有瑕疵，令人頗感遺憾的執行。

執行，絕不是簡簡單單地完成任務，而是高效率、高品質、精益求精、不折不扣地完成任務。所謂「精益求精」，包含兩個層面：一是，絕對不能失敗，這是把事做對、做好的前提，是確保不折不扣、有效執行的基礎；二是，追求完美，抱持「讓每次出手成為精彩」的工作信條，這是執行的華麗樂章，是將簡單完成任務，演變為一種令自己快樂，令客戶滿意和感動的過程。

倘若每個員工都將精益求精作為一種工作守則和職業美德，必將大大提高公司的執行水準，減少執行中的錯誤和遺憾，使客戶滿意度和市場競爭力大大提升。

九、突破困境並快樂地執行

一般來說，執行的失意和挫折，是因為員工沒有利用好自己的空間。

執行本身是快樂的，雖然在執行中會遇到種種挫折、種種不快，讓人難受、憤怒或者悲哀，但一段時期後回頭看看就會發現，戰勝了這些困難，人便擁有了巨大的快樂。成功的執行，無疑是體現自身價值並且促使自我昇華的途徑。

事實上，即使在很多知名的公司裡，員工也都不同程度地有著執行中的「失意」。在很多情況下，失意即意味著所謂的「挫折」。但是，成熟公司的員工面對這種情況，大多不是去消極迴避或者拖延正在執行的事務，也不會去自我適應「挫折」，因為在現代社會，單純的「調適」往往意味著被淘汰的結局。

這些員工是怎樣面對這種「挫折」的呢？更大範圍內的員工

又應該怎樣讓自己快樂地執行，並且自動自發地工作呢？

約翰・丹尼斯（John Dennis Profumo）說過：「一般而言，員工在執行中出現的失意和挫折感，並不是因為公司或上司沒有給員工提供足夠的空間，而是員工本人沒有好好利用自己的空間。」

約翰・丹尼斯所說的執行空間包括兩種：一種是外在的空間，是別人給予的、能夠滿足自己各種意願的空間；另一種是自己擁有的內在空間，那才是「上帝慷慨給予的」無限的空間。無論遭遇怎樣的不幸，一個員工擁有的內在空間都應該一直對自己開放著，從而為自己的執行提供足夠寬敞的處所，讓自己在裡面調整、歇息，然後自信而快樂地去面對工作中的「困境」。

約翰・丹尼斯說過：「一個員工頻繁辭職，每一次辭職都責怪上司和公司沒有提供足夠使自己充分發揮能力的空間。對這種情況，我曾經坦率地告訴他：『你之所以感覺沒有合適的空間，僅僅是因為你的心靈缺少一個足夠大的空間。』」

事情的確就是這樣的簡單：公司和上司為我們提供的條件，其實都是我們的外在空間。我們如果做到不斷提升自身，一心一意地執行，我們的工作自然就不會失敗，我們的工作業績也就不會持續低迷，「快樂執行」也就會常駐我們身邊。

約翰・丹尼斯還說過，「執行的難度太大，我不行」，這是典型的為執行不了而給自己找的藉口，也是對執行中的挫折感的消極逃避。有著這樣的思想並且如此作為的人，自然不會受到快樂之神的光顧。

我們知道，這種思想產生的根源，在於員工對自己即將執行的事務缺乏理智的思考，所以對其中必將遇到的「挫折」和「壓力」考慮不足。「緊急備案」不夠周全或者根本就是一片空白，員工對「不期而至」的挫折和壓力的承受能力就自然不夠，快樂自然也就與執行形同陌路。其實，執行就是員工工作的應該包含的義理，執行絕不是任何一個員工工作以外的東西。

為了不至於陷入消極執行的惡性循環，我們每一個員工應該摒棄這些思想：

（一）執行的事務不能給自己帶來足夠的回報。

（二）執行中的業績得不到應有的肯定。

（三）執行中沒有自己的需要。

摒棄以上思想，我們應該知曉一些不證自明的真理，例如，執行的業績讓公司受益，員工本人自然也會得到應得的回報；成功的執行必將體現員工的自我價值，讓員工脫穎而出；戰勝執行中的「挫折」和「壓力」是優秀員工的標誌；成功的執行本身就是員工最大的收穫，即使公司一時沒有給予員工足夠的認可。

我們相信社會是公正的，世界是美好的，用一份良好的心境去尋找執行的樂趣，執行中的煩惱就會變得不值一提。這才是員工對自己負責的應有態度。

有一次，巴頓將軍親自駕車去前線鼓舞士氣，在一條壕溝邊與戰士對話。

巴頓將軍微笑著問：「怎樣才是快樂的人生？」

一位士兵答道：「被尊重。」

巴頓將軍馬上響應：「那太依賴。」

又有人搶答：「愛。」

巴頓將軍笑言：「太天真。」

……

最後，巴頓將軍提出了自己的答案：「被需要。」

是的，快樂的人生就是「被需要」，人生的價值也是「被需要」，員工的價值當然也是在於被公司需要。如何「被需要」？找出並且發揮自己的價值！如何彰顯自己的價值？執行有力的人找方法，執行無力的人找藉口！能夠不把時間和能力花在找藉口上，並且去努力執行的人，當然就被公司需要，當然就有自己的人生價值，同時也是快樂的。

我們其實都知道，員工的價值體現在所執行的事務，體現了價值也就有了更多的快樂和寬慰。所以，我們有時候不妨別再整天想著去做「成功的人」，而把精力和能力集中在努力執行之上。如此一來，我們的自身價值自然就會在執行中得到最完美的體現，我們就會在具有價值的執行中獲得無上的快樂，抵達人生的樂園。

在工作上，我們也會常常發現自己執行目標的迷失。例如有人說「這不是我想要的」，例如有人說「我覺得這樣已經沒有了自我」。如果我們再一次遇到這種情況，我們可以問一問自己：我所需要的自我到底是什麼？它對於我的執行真的就是毫無幫助的嗎？在沒有找到自我或者沒有認同自我的時候，我們就真的找不到執行的方向與機會嗎？

這麼一問，一般來說，我們就會發現具有價值並且自己樂於執行的事務，即使我們沒有發現清晰的執行意義。我們需要瞭解的是，在這個世界上，總是有著那麼一群人終其一生都在尋找合適的工作，而另一群人則總是在嘗試著從當前正在執行的工作中去尋找快樂，收穫價值。

作為共同被「上帝祝福的人」和被工作祝福的人，我們是幸運的，我們都應該加入後面一群人的行列，使自己正在執行的事情顯現價值，而不應該一味地隨意抓取一個又一個偏離快樂本質的藉口，以至最後一事無成。

快樂的執行，始於快樂的信念。這是一種堅持並願意讓自己與周遭環境友好相處的生活態度。我們縱然深知自己的力量是有限的，我們也應該把這「有限的力量」發揮到極限，讓自己在成功的執行中獲得價值的體現，享受到執行的快樂。

十、奉獻精神推進執行

執行水準包括執行意願和執行能力兩方面，執行意願就是對待工作的一種態度。是滿腔熱情地投身於工作，還是慵懶地得過且過？是全力以赴地專注於工作，還是三心二意地對待工作？是心甘情願地為工作奉獻，還是計較個人得失？

執行意願決定了一個人的執行水準，執行意願越高，執行能力越強，執行水準就越高，做事的成效也越好。執行意願中，奉獻精神占了主導地位。一個樂於為組織、為公司、為團隊作奉獻的人，會時刻想著：如何為公司奉獻效力？如何為公司創造更大價值？如何使公司獲利？他們不會計較個人得失，不會偷懶隨意打發工作，更不會拒絕服從和執行，而會踏踏實實，兢兢業業，傾注所有心力於工作，並時時提醒自己「我絕對不能失敗！」，努力做好每一項工作，認真把握每一次機會，不折不扣，甚至超額、超值完成任務。奉獻精神就是心甘情願地付出，是放棄小我，實現「共贏」的思想，是一種偉大的犧牲精神。具有奉獻精神的人，最值得人們尊重、信任和欽佩！美國海軍陸戰隊員會為了掩護戰友，而奉獻自己的生命；也會為了全軍的勝利，而奮不顧身地穿越在槍林彈雨中；也會為了國家利益，而犧牲個人利益。

正是這種甘於奉獻，樂於奉獻的精神，使他們凝聚成一支強悍有力，高度團結，所向披靡的團隊；也正是這種自動自發的奉獻意識，使他們英勇無畏，義無反顧地衝向戰場，並取得了一個個傲人戰績。

日本京瓷集團創始人稻盛和夫在其著作《人生與經營》中寫到：在公司剛成立時，我們除了沒有客戶，還沒有資金、沒有好的設備 —— 這些都只能靠心血來彌補，一旦接到限時一天的工作，我們全體員工同心協力，將二十四小時的分分秒秒都利用起來。

日本京瓷集團的員工為公司奉獻的精神，一直延續到現在。在京瓷，工作到晚上十點，是一件很平常的事，並沒有人會自視為加班，更不會向老闆提出要加班費之類的事。

為了趕工期，全廠工人做到晚上十二點，也是常有的事。每天一清早，下了夜班的員工走出廠門的時候，工廠主任總是站在門口，挨個對每位員工說：「辛苦了！」而這個主任則是每天從大清早做到晚上十一點，第二天清早，他又會出現在廠門口，問候每個員工。京瓷集團的員工是有名的「工作狂」，每個員工都效忠於公司，全身心地都在工作上，自覺自願地為公司做貢獻，並將此看成是理所應當的事。

京瓷集團公司從上到下，從管理層到每個員工，形成了以公司為家，齊心協力，精誠團結，榮辱與共的局面，從而使公司由小壯大，發展為一家世界級的大公司。

奉獻精神是職業精神的表現，具有奉獻精神的員工，首先，是忠誠並熱愛公司，以公司成功和獲勝為榮；其次，對工作有很強的使命感和責任感，抱持「把事做對、做好」的工作態度和「絕對不能失敗」的工作信條，否則，奉獻精神就是一句空話！

沒有奉獻精神的員工是渺小、可悲和無價值的，因為他們只知道索取，不知道奉獻；計較於工作的得失，卻未施展和發揮出自己的最大潛能；自囿於五斗米的煩惱中，卻未體會到工作的快樂和偉大。由這樣的員工組成的公司自然是不幸的，因為大家「同床異夢」，各行其道，各打著自己的小算盤，不能專注於公司的發展，把工作只是當成一份差事，應付了事，工作的品質就很值得懷疑了。

當然，要讓員工具有奉獻精神，管理者必須以身作則，率先成為榜樣。只有自己先奉獻，才能影響和帶動他人，跟你一同前進。

正如美國商務專家托尼· 亞歷山德拉博士（Tony Alessandra）對一位美國公司高級代表說的一段話：「你的自我感覺如何？你真正在意的是什麼？如果你不能親力親為，只是在一旁指手畫腳的話，不管你的目標是什麼，是結束世界的飢荒，還是關心股票升降，你將永遠不會影響任何人改變他們的觀念和行為。」

奉獻精神不僅是對普通員工的要求，對管理者也同樣適用。倘若管理者不能走出辦公室，深入到市場一線和客戶中去瞭解情況，捕捉商機，又怎能發現銷售中存在的問題？又怎能獲悉準確的市場資訊？又怎能有效地指導銷售工作？又怎能制定出確實可行的市場和銷售策略？又怎能推動市場工作的順利開展？又怎能完成公司的目標計畫？

GE 公司宣導「執行長行銷」，該公司認為許多時候，尤其是開發大客戶的時候，執行長必須親自上陣，走到第一線去傾聽客戶的心聲，瞭解客戶的需求，與客戶面對面的溝通。

這樣做有幾個好處：(一) 讓客戶有倍受重視和尊重的感覺，同時，也會使他們對公司產生安全和信任感，從而樂意和放心採購公司的產品，或把專案交給公司；(二) 透過直接接觸客戶，瞭解市場，也可獲知客戶對公司及其產品的真實態度，以及公司面臨的市場現狀，為今後改進工作，制定戰略，更好的服務於客戶，提供有益的說明；(三) 親自體察一線銷售人員的辛苦和銷售工作的艱巨，就能制定更加合理並具有激勵性的績效考核制度，調動銷售人員的工作熱情和積極性，從而確保戰略計畫更有效地貫徹執行。

奉獻精神具有示範效應和感召作用。如果一家公司大力宣導奉獻精神，所有員工都以奉獻為榮，那麼，新來的員工會受到感染，也會自覺地為公司奉獻自己的聰明才智。

如果一家公司的管理者本身就是奉獻精神的楷模——上班比所有員工都來得早，下班比所有員工都走得晚；放棄個人休息與娛樂的時間，一天工作十四至十六個小時；放棄舒適的辦公室，經常奔走在市場一線，與銷售人員並肩作戰；公司處於困境時，不是悄悄為自己找好退路溜走，而是與公司同舟共濟，患難與共。那麼，員工還會遲到早退，上班做私事嗎？銷售人員還會藉故縮在辦公室裡，不去訪問客戶、瞭解市場行情嗎？他們還會一遇風吹草動，就背棄公司，或三心二意，騎驢找馬嗎？

執行有賴於員工的奉獻精神，具有奉獻精神的員工，不會被困難嚇倒，不會受外物左右，為了公司的勝利，他們會想盡一切辦法，克服一切障礙，去完成任務。在他們看來，欣然接受任務——即刻執行任務——不折不扣地完成任務，是職業人的天職和本分，是職業道德中最基本的信條，是不容辯駁和置疑的職業操守。

我們不難看到，在那些具有奉獻精神的員工身上，閃耀著執行的光芒，他們有很強韌的意志力和執行力，似乎沒有什麼困難能難倒他們，沒有什麼事情他們不能辦到，即便原本看起來不可能實現的目標，他們也會透過自身努力，克服重重障礙，最終圓滿地完成。毫無疑問，奉獻精神是執行的推進器和催化劑，是提高公司執行力的關鍵要素。

十一、像羅文一樣自動自發

美西戰爭爆發之時，美國總統必須馬上與古巴的起義軍將領加西亞取得聯絡。加西亞在古巴的大山裡 —— 沒有人知道他的確切位置，可美國總統麥金利（William McKinley）必須儘快地得到他的合作。

有什麼辦法呢？有人對總統說：「如果有人能夠找到加西亞的話，這個人一定是上尉羅文（Andrew Summers Rowan）。」於是總統把羅文找來，交給他一封寫給加西亞將軍的信。羅文接過信之後並沒有問：「他在什麼地方？」而是自動自發地去執行。

這裡體現了一種精神，對工作的積極主動、自動自發。作為員工也需要加強這種自動自發的精神，對上級的命令，立即採取行動，全心全意去完成任務，「把信送給加西亞」。

現在的公司，迫切需要像羅文一樣，需要具有責任心和自動自發精神的好員工！

在商店工作的史密斯一直認為自己是一個非常優秀的員工，完成了自己應該做的事 —— 記錄顧客的購物款。於是，史密斯向經理提出了升遷的要求，沒想到經理竟拒絕了他，理由是他做得還不夠好。史密斯非常生氣。

一天，史密斯像往常一樣，做完了工作和同事站在一邊閒聊。正在這時，經理走了過來，他環顧了一下周圍，示意史密斯跟著他。史密斯很納悶，不知道經理「葫蘆裡賣的什麼藥」。只見經理一句話也沒有說，就開始動手整理那些訂出去的商品，然後他又走到食品區，清理櫃檯，將購物車清空。

史密斯驚訝地看著老闆的舉動，過了很久才明白老闆的用意：如果你想獲得加薪和升遷的機會，你就得永遠保持主動做事的精神，哪怕你面對的是多麼無聊或毫無挑戰性的工作，「主動做事」的精神也會讓你獲得更高的成就。如果你對工作只是盡本分，或者唯唯諾諾，對工作毫無懷疑與抗拒，對公司的發展和生存危機漠不關心，你就無法爭取到最大的進步與利益，你充其量只能得到屬於你應得的那一部分。當然，這份所得通常不如你想像的多。

彼得和查理一起進入一家速食店，當上了服務員。他倆的年齡一樣大，也拿著同樣的薪水，可是工作時間不長，彼得就得到了老闆的褒獎，很快被加薪，而查理仍然在原地踏步。面對查理和周圍人士的牢騷與不解，老闆讓他們站在一旁，看看彼得是如何完成服務工作的。

在冷飲櫃檯前，顧客走過來要一杯麥乳混合飲料。

彼得微笑著對顧客說：「先生，你願意在飲料中加入一個還是兩個雞蛋呢？」

顧客說：「哦，一個就夠了。」

這樣速食店就多賣出一個雞蛋。在麥乳飲料中加一個雞蛋通常是要額外收錢的。

看完彼得的工作後，經理說道：「據我觀察，我們大多數服務員是這樣提問的：『先生，你願意在你的飲料中加一個雞蛋嗎？』而這時顧客的回答通常是：『哦，不，謝謝。』對於一個能夠在工作中主動發展問題、主動完善的員工，我沒有理由不給他加薪。」

工作自動自發的員工，會勇於負責，有獨立思考的能力。他們不會像機器一樣，別人吩咐做什麼他就做什麼。他們往往會發揮創意，出色地完成任務，而不能自動自發工作的員工，則墨守成規，害怕犯錯誤，凡事只求忠誠於公司的規則。他們會告訴自己，老闆沒有讓我做的事，我又何必插手呢？又沒有額外的獎勵！這兩種不同的想法會明顯地導致不同的工作表現。

自動自發的人不僅會圓滿地完成自己的任務，還會忠心耿耿地為老闆考慮，提出盡可能多的建議和資訊，他們也因此會得到升遷和賞識。比別人多努力一些，就會擁有更多的機會。

不知道有多少人每天在匆忙中去上班、下班，到了固定的日子去領自己的薪水，高興一番或者抱怨一番之後，仍然再匆忙地去上班、下班……他們的工作很可能是死氣沉沉的、被動的。當工作依然被無意識所支配的時候，很難說他們對工作的責任、智慧、信仰、創造力被最大限度地激發出來了，也很難說他們的工作是卓有成效的，他們只不過是在「過工作」或「混工作」而已！

老闆心裡很清楚，那些每天早出晚歸的人不一定是認真工作的人，那些每天忙碌的人不一定是優秀完成了工作的人，那些每天按時打卡、準時出現在辦公室的人也不一定是盡職盡責的人。

對很多人來說，每天的工作可能是一種負擔，一種不得不完成的任務，他們並沒有做到工作所要求的那麼多、那麼好。對每一個公司和老闆而言，他們需要的絕不是那種僅遵守紀律、循規蹈矩，卻缺乏熱情和責任感，不夠積極主動、自動自發的員工。

工作需要自動自發，工作就是要付出努力，正是為了成就什麼或獲得什麼，我們才專注於什麼，並在那個方面付出精力。從這個意義上說，工作不是我們為了謀生才去做的事，而是超越了工作主體自身的職能而要去做的事！

林小姐在一家大型建築公司任設計師，常常要跑工地，看現場，還要為不同的客戶修改工程細節，異常辛苦，但她仍主動地去做，毫無怨言。雖然她是設計部唯一的女性，但她從不因此逃避需要體力的工作。她從不感到委屈，反而很自豪。

有一次，老闆安排她為一名客戶做一個可行性的設計方案，時間只有四天。這是一件原本難以做好的事情，接到任務後，林小姐看完現場，就開始工作了。四天時間裡，她都在一種異常興奮的狀態下度過。她食不甘味，寢不安枕，滿腦子都想著如何把這個方案弄好。她到處查資料，虛心向別人請教。

四天後，她帶著布滿血絲的眼睛把設計方案交給了老闆，得到了老闆的肯定。因做事積極主動、工作認真，成為了公司的支柱。

後來，老闆告訴她：「我知道給你的時間很緊，但我們必須儘快把設計方案做出來。如果當初你不主動去完成這個工作，我可能會把你辭掉。你表現得非常出色，我最欣賞你這種工作認真負責、積極主動的人！」

嘗試著「把信送給加西亞」，這是一種工作態度的改變，這種改變，會讓你重新發現生活的樂趣、工作的美妙。你會發現生活和工作就像「如歌的行板」。

那些整天抱怨工作的人，是永遠都不會「把信送給加西亞」的，他們或者出發前就膽怯了；或者遇到苦難，而中途放棄；或者弄丟了這封重要的信，害怕懲罰而逃走；或者被敵人發現，主動背叛寫信人。這樣的人，他們會變得非常的狹隘，目光只是盯在那點薪水上，工作對於他們來講非常的俗氣，沒有別的意義，只是薪水。

第七章　責任面前沒有任何藉口

一個有責任感的員工會時刻要求自己：責任面前沒有任何藉口，而一個不負責任的員工往往會找很多藉口為自己辯解。勇於負責表面上是為工作負責、為老闆負責，實際上是為自己負責。勇於負責並不是「盲目負責」，如果你一點信心都沒有，誰又敢讓你負責呢？勇於負責就要徹底摒棄藉口，藉口對我們有百害而無一利。

一、沒有任何藉口

著名的美國西點軍校有個久遠的傳統，遇到學長或軍官問話，新生只能有四種回答：「報告長官，是。」「報告長官，不是。」「報告長官，沒有任何藉口。」「報告長官，我不知道。」除此之外，不能多說一個字。

新生可能會覺得這個制度不盡公平，例如軍官問你：「你的腰帶這樣算擦亮了嗎？」你當然希望為自己辯解。但是，你只能有以上四種回答，別無其他選擇。在這種情況下，你也許只能說：「報告長官，不是。」如果軍官再問為什麼，唯一的適當回答只有：「報告長官，沒有任何藉口。」

這既是要新生學習如何忍受不公平 —— 人生並不是永遠公平的，同時也是讓新生們學習必須承擔責任的道理：現在他們只是軍校學生，恪盡職責可能只要做到服裝儀容的要求，但是日後他們肩負的卻是其他人的生死存亡。因此，「沒有任何藉口」！

從西點軍校出來的學生許多人後來都成為傑出將領或商界奇才，不能不說這是「沒有任何藉口」的功勞。

真誠地對待自己和他人是明智和理智的行為，有些時候，為了尋找藉口而絞盡腦汁，不如對自己或他人說「我不知道」。這是誠實的表現，也是對自己和他人負責的表現。

對此，齊格勒（Kenneth Zeigler）說：「如果你能夠盡到自己的本分，盡力完成自己應該做的事情，那麼總有一天，你能夠隨心所欲從事自己要做的事情。」

盡自己的本分就要求我們勇於承擔責任，承擔與面對是一對姐妹，面對是敢於正視問題，而承擔意味著解決問題的責任，讓自己擔當起來。

沒有面對問題的勇氣，承擔就沒有基礎；沒有承擔責任的能力，面對就沒有價值。

放棄承擔，就是放棄一切。假如一個人除為自己承擔之外，還能為他人承擔，他就會無往而不勝。

人們必須付出巨大的心力才能夠成為卓越的人，但是如果只是找個藉口搪塞為什麼自己不全力以赴的理由，那真是不用費什麼力氣。

某個公司一個被下屬的「藉口」搞得不勝其煩的經理在辦公室裡貼上了這樣的標語：「這裡是『無藉口區』。」

他宣布，八月份是「無藉口月」，並告訴所有人：「在本月，我們只解決問題，我們不找藉口。」

這時，一個顧客打來電話抱怨該送的貨遲到了，物流經理說：「的確如此，貨遲了。下次再也不會發生了。」

隨後他安撫顧客，並承諾補償。掛斷電話後，他說自己本來準備向顧客解釋遲到的原因，但想到八月是「無藉口月」，也就沒有找理由。

後來這位顧客向公司總裁寫了一封信，評價了在解決問題時他得到的出色服務。

他說：沒有聽到千篇一律的推託之詞令他感到意外和新鮮，

他讚賞公司的「無藉口運動」是一個偉大的運動。

藉口往往與責任相關，高度的責任心產生出色的工作成果。要做一個優秀員工，就要做到沒有藉口，勇於負責。

許多員工習慣於等候和按照主管的吩咐做事，似乎這樣就可以不負責任，即使出了錯也不會受到譴責。這樣的心態只能讓人覺得你目光短淺，而且永遠不會將你列為升遷的人選。

勇於負責表面上是為工作負責、為老闆負責，實際上是為自己負責。

勇於負責並不是「盲目負責」，如果你一點信心都沒有，誰又敢讓你負責呢？從人品上講，勇於負責的是英雄，盲目負責的是蠢貨，不負責的是平庸之輩。

勇於負責就要徹底摒棄藉口，藉口對我們有百害而無一利。藉口的害處已說了這麼多，真該建議那些愛找藉口的員工像上面例子中的經理一樣，為自己設立一個「無藉口區」。

很多人遇到困難不努力解決，而只是想到找藉口推卸責任，這樣的人很難成為優秀的員工。

休斯·查姆斯在擔任美國「國家收銀機公司」銷售經理期間曾面臨著一種最為尷尬的情況：該公司的財政發生了困難。這件事被在外頭負責推銷的銷售人員知道了，並因此失去了工作的熱忱，銷售量開始下跌。到後來，情況更為嚴重，銷售部門不得不召集全體銷售員開一次大會，全美各地的銷售員皆被召去參加這次會議。查姆斯先生主持了這次會議。

首先，他請手下最佳的幾位銷售員站起來，要他們說明銷售量為何會下跌。這些被叫到名字的銷售員一一站起來以後，每個人都有一段最令人震驚的悲慘故事要向大家傾訴：商業不景氣、資金缺少、人們都希望等到總統大選揭曉後再買東西等。

當第五個銷售員開始列舉使他無法完成銷售配額的種種困難時，查姆斯先生突然跳到一張桌子上，高舉雙手，要求大家肅靜。然後，他說道：「停止，我命令大會暫停十分鐘，讓我把我的皮鞋擦亮。」

然後，他命令坐在附近的一名黑人小工友把他的擦鞋工具箱拿來，並要求這名工友把他的皮鞋擦亮，而他就站在桌子上不動。

在場的銷售員都呆住了，他們有些人以為查姆斯先生發瘋了，人們開始竊竊私語。這時，只見那位黑人小工友先擦亮他的第一隻鞋子，然後又擦另一隻鞋子，他不慌不忙地擦著，表現出第一流的擦鞋技巧。皮鞋擦亮之後，查姆斯先生給了小工友一毛錢，然後發表他的演說。

他說：「我希望你們每個人，都好好看看這個小工友。他擁有在我們整個工廠及辦公室內擦鞋的特權。他的前任是位白人小男孩，年紀比他大得多。儘管公司每週補貼他五美元的薪水，而且工廠裡有數千名員工，但他仍然無法從這個公司賺取足以維持他生活的費用。」

「可是這位黑人小男孩不僅可以賺到相當不錯的收入，既不需要公司補貼薪水，每週還可以存下一點錢來，而他和他的前任的工作環境完全相同，也在同一家工廠內，工作的對象也完全相同。」「現在我問你們一個問題，那個白人小男孩拉不到更多的生意，是誰的錯？是他的錯，還是顧客的？」

那些推銷員不約而同地大聲說：「當然是那個小男孩的錯。」

「正是如此。」查姆斯回答說，「現在我要告訴你們，你們現在推銷收銀機和一年前的情況完全相同：同樣的地區、同樣的對象以及同樣的商業條件。但是，你們的銷售成績卻比不上一年前。這是誰的錯？是你們的錯，還是顧客的錯？」

同樣又傳來如雷般的回答：「當然是我們的錯。」

「我很高興，你們能坦率地承認自己的錯。」查姆斯繼續說：「我現在要告訴你們。你們的錯誤在於，你們聽到了有關本公司財務發生困難的謠言，這影響了你們的工作熱情，因此，你們不像以前那般努力了。只要你們回到自己的銷售地區，並保證在以後三十天內，每人賣出五台收銀機，那麼，本公司就不會再發生什麼財務危機了。你們願意這樣做嗎？」

大家都表示「願意」，後來果然辦到了。那些他們曾強調的種種藉口：商業不景氣、資金缺少、人們都希望等到總統大選揭曉以後再買東西等，彷彿根本不存在似的，統統消失了。

這個例子告訴我們，藉口是可以克服的，只有勤奮努力地工作，才能讓你找到成就感。

「拒絕藉口」應該成為所有公司奉行的最重要的行為準則，它強調的是每一位員工想盡辦法去完成任何一項任務，而不是為沒有完成任務去尋找任何藉口，哪怕看似合理的藉口。其目的是為了讓員工學會適應壓力，培養他們不達目的不甘休的毅力。它讓每一個員工懂得：工作中是沒有任何藉口的，失敗是沒有任何藉口的，人生也沒有任何藉口。

二、藉口孕育著失敗

誰在為拖延時間找藉口，誰就是在為浪費生命找藉口。浪費生命是最大的失敗。

找藉口是世界最容易辦到的事情之一，因為我們可以找到很多的藉口去自我安慰，掩飾自己的錯誤。在工作和生活中都是這樣，有的人常常把「拖延時間」歸咎於外界因素，總是要去找一些敷衍上司或者其他人的藉口，其實這些人是在敷衍自己。拖延時間的是自己，由此而受害的必然也是自己。

在我們的日常生活中，也常聽到這樣的一些藉口：上班晚了，會有「路上塞車」、「手錶停了」的藉口；生意賠了，有「對手太精明了」的藉口。不在自己的身上去找原因，不去立刻設法杜絕問題的再次發生。久而久之，我們就會養成一個習慣：不去做現在可以做的事情，卻下決心要在將來的某個時候去做。

這樣，我們便心安理得地不去馬上採取行動，同時安慰自己，說自己並沒有真正放棄決心要做的事情。我們一方面堅持自己的生活方式，另一方面又做出自己將要改變的聲明，這種聲明就沒有任何意義。這樣做的人，不過是都是一些缺乏毅力的人，最後都將一事無成。

當然，語言未必能夠表明我們是個什麼樣的人，而只有行為才能夠確實地反映出我們的本質。只要有決心，我們就可以實現自己的任何意願。要知道，我們其實並不脆弱，而且是非常堅強、非常有能力的。然而，如果我們把事情推遲到未來去做，我們就是在逃避現實，甚至是在欺騙自己。拖延時間的心理，只會使我們在「現在」這個時段更加懦弱，並且沉於幻想。也就是說，我們總是希望情況會有所好轉，但卻始終無法成功。

拖延時間，意味著虛度光陰、無所事事，無所事事會使我們感到厭倦無聊。看看那些取得過最佳成績的人，他們都沒有時間議論別人，也沒有時間閒著，他們總是忙於自己的實際工作。如果利用「現在」做一些自己願意做的事情，或者充分發揮自己的思考能力，我們就永遠不會厭倦工作和生活。

不為拖延找藉口，我們的工作第一步就是「開始」，即使心存恐懼也要這麼做。「不要認為整個工作的程式馬上都能夠全部設計出來，因為每一步工作都是最偉大的工作的開始」。

湯瑪斯·愛迪生曾經說過:「世界上最重要的東西就是時間，拖延時間就是浪費生命。」當然，成功人士都是這麼認為的，而這種看似淺顯的認知，應該對於我們每一個人提高時間的利用率都具有很大的幫助。

具體說起來，我們應該怎樣提高時間的利用率呢？

（一）做一個當天時間運用計畫，分出事務的輕重緩急，記住現在必須做的事情。

（二）拒絕不速之客的方法是：道歉，聲明日程已經排滿，要事可以另約時間（或將約談時間選在低效率階段）。

（三）電話涉及的事項很多，那就可以簡單地記下來，然後斟酌一一完成。

(四) 輕輕鬆鬆，注重適時適當的休息。

(五) 學會放棄，不強求完美。

需要說明的是，完美主義者和辦事拖拉的人同樣浪費時間。雖然有些時候我們不可能把工作做得完美無缺，但是，我們已經在一個確定的期限裡，完成了我們所能夠做到的最好的工作，對我們來說就已經是一個完美的結局。絕不拖延的人都懂得什麼時候值得為完美而努力，什麼時候只有放棄完美才可以足夠好。

當然，提高了時間的利用率，我們就不可能因為拖延了時間而去給自己尋找什麼藉口了。

三、沒有做不好的工作

責任是一種生存的法則。無論對於人類還是對於動物界，依據這個法則，才能夠存活。

有這樣的一個故事：動物園裡有三隻狼，是一家三口。這三隻狼一直是由動物園飼養，為了恢復狼的野性，動物園決定將牠們送到森林裡，任其自然生長。首先被放回的是那隻身體強壯的公狼，動物園的管理員認為，牠的生存能力應該比剩下的兩隻強一些。

過了些日子，動物園的管理員發現，公狼經常徘徊在動物園的附近，而且看起來像是很餓的樣子，無精打采的。但是，動物園並沒有收留它，而是將幼狼放了出去。

幼狼被放出去之後，動物園的管理者發現，公狼很少回來了。偶爾帶著幼狼回來幾次，牠的身體好像比以前強壯多了，幼狼也不像是挨餓的樣子。看來，公狼把幼狼照顧得很好，而且自己過得也很好。為了照顧幼狼，公狼必須得捕到食物，否則，幼狼就會挨餓。管理員決定把剩下的那隻母狼也放出去。

這隻母狼被放出去之後，這三隻狼再也沒有回來過。動物園的管理員想，這一家三口看來是在森林裡生活得不錯。後來，管理員解釋了這三隻狼為什麼能重返大自然生活。

「公狼有照顧幼狼的責任，儘管這是一種本能，正是這種責任讓他倆生活得好一些。母狼被放出去後，公狼和母狼共同有照顧幼狼的責任，而且公狼和母狼還需要互相照顧。這三隻狼互相照顧，才能夠重回自然，重新開始生活。」

看來，責任是生存的基礎，無論是動物還是人。

責任確保了生命在自然界中的延續，那麼，責任是否也能確保一家公司在競爭中生存呢？答案一樣是肯定的。

管理學家認為，責任首先是員工的一份工作宣言。在這份工作宣言裡，你首先表明的是你的工作態度：你要以高度的責任感對待你的工作，不懈怠你的工作，對於工作中出現的問題能勇於承擔。這是保證你的任務能夠有效完成的基本條件。

一個人責任感的高低，決定了他工作績效的高低。當你的上司因為你的工作很差勁批評你的時候，你首先問問自己，是否為這份工作付出了很多，是不是一直以高度的責任感來對待這份工作？一個負責任的人是不會給自己的工作交出一份白卷的。

一個人承擔的責任越多越大，證明他的價值就越大。所以，應該為你所承擔的一切感到自豪。想證明自己最好的方式就是去承擔責任，如果你能擔當起來，那麼祝賀你，因為你不僅向自己證明了自己存在的價值，你還向社會證明你能行，你很出色。

如果你是一名公司的長官，就這樣告訴你的員工，你為他們承擔的責任感到驕傲，你也願意為他們承擔責任。無論是現在還是將來，你都會一如既往地做下去。

如果你是一名員工，就這樣告訴你的長官，你很高興能夠為公司承擔責任，這會讓你覺得對於公司而言，自己並不是可有可無。相信你，你從沒有懈怠過自己的責任。

無論是我們的老闆還是我們的員工，大家都在承擔著自己的責任。而且無論是誰在承擔責任時都不是輕鬆的。因為不輕鬆，所以能夠擔當責任的人才值得尊敬。

一旦領悟了全力以赴地工作能消除工作的辛勞這一祕訣，人們就掌握了打開成功之門的鑰匙。能處處以主動盡職的態度工作，即使從事最平庸的職業，也能增添個人的榮耀。

很久很久以前，一位有錢人要出門遠行，臨行前他把僕人們叫到一起，並把財產委託他們保管。依據每個人的能力，他給了第一個僕人十兩銀子，第二個僕人五兩銀子，第三個僕人二兩銀子。拿到十兩銀子的僕人把它用於經商，並且賺到了十兩銀子；同樣，拿到五兩銀子的僕人也賺到了五兩銀子；但是拿到二兩銀子的僕人卻把它埋在了土裡。

過了很長一段時間，他們的主人回來與他們結算。拿到十兩銀子的僕人帶著另外十兩銀子來了，主人說：「做得好！你是一個對很多事情充滿自信的人。我會讓你掌管更多的事情。現在就去享受你的獎賞吧。」

同樣，拿到五兩銀子的僕人帶著他另外的五兩銀子來了，主人說：「做得好！你是一個對一些事情充滿自信的人。我會讓你掌管很多事情。現在就去享受你的獎賞吧。」

最後拿到二兩銀子的僕人來了，他說：「主人，我知道你想成為一個強人，收穫沒有播種的土地。我很害怕，於是把錢埋在了地下。」

主人回答道：「又懶又缺德的人，你既然知道我想收穫沒有播種的土地，那麼你就應該把錢存到銀行家那裡，以便我回來時能拿到我的那份利息。」

主人最後把他的二兩銀子也給了有十兩銀子的僕人。「我要給那些已經擁有很多的人，使他們變得更富有；而對於那些一無所有的人，甚至連他們所擁有的都要奪走。」

這個僕人原以為自己會得到主人的讚賞，因為他沒丟失主人給的那二兩銀子。在他看來，雖然沒有使金錢增值，但也沒丟失，就算是完成主人交代的任務了。然而他的主人卻不這麼認為，他不想讓自己的僕人順其自然，而是希望他們能負起自己的責任，把身上擔負的職責做得更好。

每一個員工都希望把自己的工作做得更好，都希望透過自己的努力來增加收入，提升遷位，獲得認可。沒有人願意一事無成，也沒有人想在自己的工作中找不到實現自己價值的台階，就退步或者是離開。

做最好的員工，也要做更好的員工。這是每個人的目標，是和他的生活密切相關的事情。

公司是一個共同體，只有以高度的責任感相互協作，整個公司才能迅速穩健地向前發展。

對員工而言，責任的方向是對上的，員工要時時表現出對管理者的責任。管理者為公司的發展制定的決策需要員工來具體執行，執行得好與不好不僅僅關係到決策的成敗，而且關係整個公司的興衰，所以員工必須負起責任。這不容置疑，如果你還認為自己是公司中的一員，和公司同呼吸共命運的話。

公司裡的每一個員工都對其他的員工負有責任，這就像互相咬合的齒輪，大家必須緊緊地連在一起，才能共同發揮作用。因為「成功的組織必須對自己負責，也需要彼此負責，這才能達到事先約定的成果。」

任何一個方向的責任沒有承擔起來，公司的發展就會受到嚴重的阻礙，公司的整體責任屬於公司中的每一個成員，無論你的職位高低。

公司中的每一個成員必須做好自己該做的，但這並不意味著「各自為政」，明確責任的方向就是告訴公司的每一位成員，整個公司的發展需要所有成員的共同協作，只有這樣才能保證公司的整體利益。

不找藉口是執行力的表現，它體現了一個人對自己的職責和使命的態度。一個不找藉口的員工，肯定是一個勇於負責的員工。可以說，工作就是不找藉口地去執行。

不管做什麼工作都需要這種不找任何藉口去執行的人。對我們而言，無論做什麼事情，都要記住自己的責任，無論在什麼樣的工作職位上，都要對自己的工作負責。

四、責任止於我

美國總統杜魯門上任後，在自己的辦公桌上擺了個牌子，上面寫著「The buck stops here ！」，中文的意思是：「推卸責任止於此。」那就是說：「讓自己負起責任來，不要把問題丟給別人。」由此可見，負責是一個人不可缺少的精神。

大多數情況下，人們會對那些容易解決的事情負責，而把那些有難度的事情推給別人，這種思想常常會導致我們工作上的失敗。

有一個著名的企業家說：「職員必須停止把問題推給別人，應該學會運用自己的意志力和責任感，著手行動，處理這些問題，讓自己真正承擔起自己的責任來。」

在工作和生活中，有些人總是抱著付出較少、得到更多的思想行事。在這種情況下，不負責任的問題就出現了。如果他們能夠花點時間，仔細考慮一番，就會發現，人生的因果法則首先排除了不勞而獲，因此我們必須要為自己身上發生的一切負責。

亞伯拉罕・林肯說：「逃避責任，難辭其咎。」

世上有許多事情是我們無法控制的，但我們至少可以控制自己的行為。如果不對自己的過去行為負責，我們就不可能對自己的未來負責。面對自己曾做過的事，我們應該做的是承擔起自己的那份責任，而不是尋找藉口逃避責任。

下面這個案例是一個醫生親眼目睹的一件普通得不能再普通的突發事件。

江浙地區一個城鄉正在建設，工地一角突然坍塌，鋼筋、水泥、紅磚無情地倒向下面正在吃午飯的工人，煙塵四起的工地頓時傳來傷者痛苦的呻吟。

這一切都被路過的兩輛遊覽車上的人看在眼裡，遊覽車停在路口，從車裡迅速下來幾十名年過半百的老人，他們好像沒聽見導遊「時間來不及了」的抱怨，馬上開始有條不紊地搶救傷者。

現場沒有誇張的呼喊，沒有感人的誓言，只有默契的配合。沒有紗布就用乾淨襯衣壓住傷口。急救車趕來的時候，已經是五十分鐘以後的事情，從一個外科醫生的眼睛來看，這些老人們至少保住了十個工人的生命。

在機場，這名醫生又遇到了這些老人們的導遊 —— 兩個時尚的年輕女孩一邊激烈地討論這麼多機票改簽和當地地陪的費用結算問題，一邊抱怨這些老人管了閒事卻讓她們兩個為難。

老人們此時已經換上了乾淨的衣服。醫生看清楚了，他們身上很多都是去掉了肩章的制服襯衣，陸海空都有，每個人都以平靜祥和的神態，四下張望候機廳的設施。醫生斷斷續續聽到其中一個老人面有歉疚地對兩個年輕女孩說道：

「軍醫同學……若是不管，心裡多麼過意不去……老頭們這脾氣……」

是啊，這個老人說得對，如果說責任還可以逃避，但你的心能嗎？一個人可以完全忘掉歉疚，或者帶著歉疚生活一輩子，只要他覺得這份歉疚對自己不會有任何影響。可是，你要知道，任何經歷過的歉疚都會像酸醋腐蝕鐵做的容器一樣，慢慢侵蝕你的心靈，久而久之，讓你再也無法用明亮清澈的眼睛和一顆坦然的心對待工作和生活。

有句諺語說得好：「沒有一滴雨滴認為它們應當對洪水負責。」還有一句格言：「沒有一滴雨滴敢對花兒綻放居功。」

這兩句諺語說的都是責任。

責任感是人走向社會的關鍵特質，是一個人在社會上立足的重要資本。一間公司總是希望把每一份工作都交給責任心強的人，誰也不會把重要的職位交給一個沒有責任心的人。

有責任感的員工都不會推脫他們所應負的責任，他們深知，責任就像杜魯門總統的座右銘那樣：「推卸責任止於此！」

主動要求承擔更多的責任或自主承擔責任，是我們成功的必備素養。人們能夠做出不同尋常的成績，是因為他們首先要對自己負責。沒有責任感的公民不是好公民，沒有責任感的員工不是優秀的員工，沒有責任感的人不是完整成熟的成年人。

任何時候，責任感對自己、對國家、對社會都是不可或缺的。要將責任根植於內心，讓它成為我們腦海中一種強烈的意識，在日常行為和工作中，這種責任意識會讓我們表現得更加卓越。

一個員工與其為自己的失職尋找理由，倒不如大大方方承認自己的失職。長官會因為你能勇於承擔責任而不責難於你；相反，敷衍塞責，推卸責任，為自己找藉口，不但不會得到別人理解，反而會「雪上加霜」，讓別人覺得你不但缺乏責任感，而且還不願意承擔責任。

其實，人難免有疏忽的時候，沒有誰能做到盡善盡美，這是可以理解的。但是，如何對待已經出現的問題，就能看出一個人是否能夠勇於承擔責任。

約翰和大衛是快遞公司的兩名新進職員。他們倆是工作搭檔，工作一直都很認真，也很賣力。上司對這兩名新員工很滿意，然而一件事卻改變了兩個人的命運。

一次，約翰和大衛負責把一件大宗郵件送到碼頭。這個郵件很貴重，是一個古董，上司反覆叮囑他們要小心。

沒想到，送貨車開到半路卻壞了。

大衛說：「怎麼辦，你出門之前怎麼不把車檢查一下，如果不按規定時間送到，我們要被扣獎金的。」

約翰說：「我的力氣大，我來背吧，距離碼頭也沒有多遠了。而且這條路上的車特別少，等車修好，船就開走了。」

「那好，你背吧，你比我強壯。」大衛說。

約翰背起郵件，一路小跑，終於按照規定的時間趕到了碼頭。這時，大衛說：「我來背吧，你去叫貨主。」他心裡暗想，如果客戶能把這件事告訴老闆，說不定還會給我加薪呢。他只顧想，當約翰把郵件遞給他的時候，他卻沒接住，郵包掉在了地上，「嘩啦」一聲，古董碎了。

「你怎麼搞的，我沒接你就放手。」大衛大喊。

「你明明伸出手了，我遞給你，是你沒接住。」約翰辯解道。

約翰和大衛都知道，古董打碎了意味著什麼。不只是沒了工作，可能還要背上沉重的債務。果然，老闆對他倆進行了嚴厲的批評。

「老闆，不是我的錯，是約翰不小心弄壞的。」大衛趁著約翰不注意，偷偷來到老闆的辦公室，對老闆說。老闆平靜地說：「謝謝你，大衛，我知道了。」

隨後，老闆把約翰叫到辦公室。「約翰，到底怎麼回事？」約翰就把事情的原委告訴了老闆，最後約翰說：「這件事情是我們的失職，我願意承擔責任。另外，大衛的家境不大好，如果可能的話，他的責任也由我來承擔。我一定會彌補我們造成的損失。」

約翰和大衛一直等待處理的結果，但是結果卻出乎意料。

老闆把約翰和大衛叫到了辦公室，老闆對他倆說：「公司一直對你們倆很器重，想從你們倆當中選擇一個人擔任客服部經理，沒想到卻出了這樣一件事情，不過也好，這會讓我們更清楚哪一個人是合適的人選。」

大衛暗喜，「一定是我了。」

「我們決定請約翰擔任公司的客服部經理，因為，一個能夠勇於承擔責任的人是值得信任的。約翰，用你賺的錢來償還客戶。大衛，你自己想辦法償還給客戶，對了，你明天不用來上班了。」

「老闆，為什麼？」大衛問。

「其實，古董的主人已經看見了你倆在遞接古董時的動作，他跟我說了他看見的事實。還有，我也看到了問題出現後你們兩個人的反應。」老闆最後說。

任何一個管理者都清楚，能夠勇於承擔責任的員工、能夠真正負責任的員工對於公司的意義。問題出現後，推卸責任或者找藉口，都無法掩飾一個人責任感的匱乏。如果你想這麼做，那麼，坦白說，這種藉口沒有什麼作用，而且會讓你更缺乏責任感。

在南太平洋考斯特島上，人們經常舉行以高空彈跳取悅神靈的古老儀式，藉此祈禱山芋豐收。

彈跳者仔細挑選地點，他們用樹枝及樹幹來搭蓋高塔，然後用藤蔓把整個跳台捆束。每個彈跳者要為搭蓋工程負責，如果有任何差錯，沒有任何人會替他負責，當然也沒有人能搶去彈跳成功者的功勞。

彈跳者要選擇自己使用的跳藤，尋找恰到好處的長度，讓自己在以頭朝下腳朝上的姿態墜落時，頭髮剛好擦到地面。如果跳藤太長，表示會有致命的墜落；太短則會把彈跳者彈回平台，這樣可能會對他今年的收成有不利的影響。

在指定的當天，彈跳者爬上六十五英尺到八十五英尺高的跳塔，綁上他所挑選的藤條，踏上平台，來到高塔最狹窄的一端，然後縱身躍下。

彈跳者可以在最後一刻改變主意，放棄彈跳，這並不會被認為是件恥辱的事。但大部分人願意做這件事，願意百分之百為自己的行為負責。

參加彈跳的人對自己的行為和可能的結果都有十分清楚的認知，然而他們仍然願意參加，因為他們願意為自己的行為負全部的責任。承擔自己的責任，責無旁貸。

五、負責任讓你出類拔萃

責任由許多小事構成。無論多麼小的事，都能夠做得比任何人都好，這就是敬業的精神。

敬業，就是尊敬、尊崇自己的職業。如果一個人以一種尊敬、虔誠的心靈對待職業，甚至對職業有一種敬畏的態度，他就已經具有敬業精神。沒有真正的敬業精神，就不會將眼前的普通工作與自己的人生意義聯繫起來，就不會有對工作的敬畏態度，當然就不會有神聖感和使命感產生。

有一個替人割草打工的男孩打電話給布朗太太說：「您需不需要割草？」

布朗太太回答說：「不需要了，我已經有割草工了。」

男孩又說：「我會幫您拔掉草叢中的雜草。」

布朗太太回答：「我的割草工已經做了。」

男孩又說：「我會幫您把草與走道的四周割齊。」

布朗太太說：「我請的那人也已經做了，謝謝你，我不需要新的割草工人。」

男孩便掛了電話。此時，男孩的室友問他：「你不是在布朗太太那割草打工嗎？為什麼還要打這個電話？」

男孩說：「我只是想知道我究竟做得好不好！」

有人問英國哲人杜曼先生，成功的第一要素是什麼？他回答說：「喜愛你的工作。如果你熱愛自己所從事的工作，哪怕工作時間再長再累，你都不覺得是在工作，相反像是在做遊戲。」

敬業是一種責任精神的體現。一個有敬業精神的人，才會真正為公司的發展做出貢獻，自己也才能從工作中獲得樂趣。

比爾．波特是英國成千上萬推銷員中的一個。與其他人相同的是為了一天的工作準備，每天早上起得很早；與其他人不相同的是，他要花三個小時到達他要去的地點。不管多麼痛苦，比爾．波特都堅持著這段令人筋疲力盡的路程。工作是他的一切，他以此為生，同時以此體現生命的價值。

要知道，他比一般人艱難得多。他出生於一九三二年，母親生他時，醫生用鑷子接生時不慎夾碎了他大腦的一部分，導致他患上了大腦神經系統癱瘓，影響到說話、行走和對肢體的控制。比爾長大後，人們都認為他肯定在神智上會存在嚴重的缺陷和障礙，福利機關將他判定為「不適合被僱傭的人」，專家也認為他永遠也不能工作。

比爾應該感謝他的母親，是她一直鼓勵他做一些力所能及的事情，她一次又一次對他說：「你能行，你能夠工作，能夠自立！」比爾受到母親的鼓勵後，開始從事推銷工作。他從來沒有將自己視為殘疾人士。

最初，他向福勒刷子公司申請工作，這家公司拒絕了他，並說他根本不適合工作。接著幾家公司採用同樣的態度回覆他，但比爾沒有放棄，最後，懷特金斯公司很不情願地接受了他，但也提出了一個條件——比爾必須接受沒有人願意承擔的波特蘭、奧根地區的業務。雖然條件苛刻至極，但畢竟有一份工作了，比爾當即答應了。

一九五九年，比爾第一次上門推銷，猶豫了四次，他才鼓起勇氣按響門鈴。第一家沒有人買他的商品，第二家、第三家也一樣……但他堅持著，以敬業的精神來支撐自己堅持著，即使顧客對產品絲毫不感興趣，甚至嘲笑他，他也不灰心喪氣。終於，他取得了成績，由小成績到大成績。

他每天工作及通勤的時間得花去十四個小時，當他晚上回到家時，已經是筋疲力盡，他的關節會痛，偏頭痛也時常折磨著他。每隔幾個星期，他會影印一份顧客訂貨清單。由於他只有一隻手是能用的，這項別人做起來非常簡單的工作，他卻要花十個小時。他辛苦嗎？當然辛苦，但心中對公司、對工作、對顧客，以及對自己的虔敬之意支撐著他，他什麼苦都能夠承受。比爾負責的地區，有越來越多的門被他敲開，越來越多人購買了他的商品，業績也不斷成長。在他做到第二十四年時，他已經成為銷售技巧最好的推銷員。

進入一九九〇年代時，比爾六十多歲了。懷特金斯公司已經有了六萬多名推銷員，不過，他們是在各地商店推銷商品，只有比爾一個人仍然是上門推銷。許多人在打折商店大量購買懷特金斯公司的商品，因此比爾的上門推銷越來越難，面對這種趨勢，比爾付出了更多的努力。

一九九六年夏天，懷特金斯公司在全國建立了連鎖機構，比爾再也沒有必要上門推銷了。但此時，比爾成了懷特金斯公司的「產品」，他是公司歷史上最出色的推銷員、最敬業的推銷員、最富有執行力的推銷員。公司以比爾的形象和事蹟向人們展示公司的實力，還把第一份最高榮譽傑出貢獻獎給了比爾。

比爾的故事告訴我們，無論怎麼樣的人，如果他有了一個自己喜歡和適合去做的職業，同時也就是擁有了自己的生活方式。在這樣的環境中，他才能與社會真正融為一體，說得更確切一些，是為某個團隊、某種事業工作。

敬業精神是個人原則和職業原則的結合。敬業精神最重要的是自我經營態度，把自己當成老闆，把公司的事當成自己的事。

每個人對於自己的職位都應該這樣想：為了維持生活的必要，固然要努力賺取薪水。但我投身於業界是為了自己，我也是為了自己而工作。如果你是這樣想的，而且已經做好了充分的準備，並付諸了確實的行動，你就會成為某個行業、某個團體、某個公司真正不可缺少的人。

你努力工作，工作回報給你的不僅僅是不斷增加的薪水。

如果你把工作本身看成是一種學習經驗的良好的方式，而且也是提升自己生存能力的途徑，那麼，你的每一份工作對你而言都充滿了巨大的機會。換一個角度來說，如果你是以這種方式來看待你現有的工作，那麼，你的工作本身就已經充滿了熱情。

「最好的勞動成果總是由那些頭腦聰明並具有熱情的人來完成的。」

如果你已經是這樣想了，如果你在從事的工作及職位中的任何一個環節上體現出你的想法，你會為你的熱情本身所感動，即使是每天按時上班，也充滿了活力。從這個角度來說，你的事業就是你的工作，你的職業就是你的事業的開端。

你已經選擇了某個職業或者是工作，那麼你必然是要選擇以努力、勤奮、熱情的特質來實現你的價值。

六、改掉拖延和逃避的惡習

如果那些一天到晚想著如何欺瞞的人，能將這些精力及創意的一半用到正途上，他們就有可能取得巨大的成就。

懶惰之人的一個重要特徵就是拖延。把前天該完成的事情拖延、敷衍到後天，是一種很糟糕的工作習慣。對一位渴望成功的人來說，拖延最具破壞性，也是最危險的惡習，它使人喪失進取心。一旦開始遇事推託，就很容易再次拖延，直到變成一種根深蒂固的習慣。解決拖延的唯一良方就是行動。當你開始著手做事 —— 任何事，你就會驚訝地發現，自己的處境正迅速地改變。

習慣性的拖延者通常也是製造藉口與託辭的專家。如果你存心拖延逃避，你就能找出成千上萬個理由來辯解為什麼事情無法完成，而對事情應該完成的理由卻想得少之又少。把「事情太困難、太昂貴、太花時間」等種種理由合理化，要比相信「只要我們更努力、更聰明、信心更強，就能完成任何事」的念頭容易得多。

這類人無法接受承諾，只想找藉口。如果你發現自己經常為了沒做某些事而找藉口，或想出千百個理由為事情未能按計劃實施而辯解，最好自我反省一下了。別再做一些無謂的解釋了，動手做事吧！

拖延是對生命的揮霍。拖延在人們日常生活中司空見慣，如果你將一天時間記錄下來，就會驚訝地發現，拖延正在不知不覺地消耗著我們的生命。

拖延是因為人的惰性在作怪，每當自己要付出勞動時，或要作出抉擇時，我們總會找出一些藉口來安慰自己，總想讓自己輕鬆些、舒服些。有些人能在瞬間果斷地戰勝惰性，積極主動地面對挑戰；有些人卻深陷於「激戰」泥潭，被主動和惰性拉來拉去，不知所措，無法定奪……時間就這樣一分一秒地浪費了。

人們都有這樣的經歷，清晨鬧鐘將你從睡夢中驚醒，想著自己所訂的計畫，同時卻感受著被窩裡的溫暖，一邊不斷地對自己說：該起床了，一邊又不斷地給自己尋找藉口 —— 再等一會兒。於是，在忐忑不安之中，又躺了五分鐘，甚至十分鐘……

拖延是對惰性的縱容，一旦形成習慣，就會消磨人的意志，使你對自己越來越失去信心，懷疑自己的毅力，懷疑自己的目標，甚至會使自己的性格變得猶豫不決。

拖延有時候也是由於考慮過多、猶豫不決造成的。

適當的謹慎是必要的，但過於謹慎則是優柔寡斷。我們需要想盡一切辦法不去拖延，在知道自己要做一件事的同時，立即動手，絕不給自己留一秒鐘的思考餘地。千萬不能讓自己展開和惰性開戰的架勢——對付惰性最好的辦法就是根本不讓惰性出現。往往在事情的開端，總是積極的想法先有，然後當頭腦中冒出「我是不是可以……」這樣的問題時，惰性就出現了，「戰爭」也就開始了。一旦開戰，結果就難說了。所以，要在積極的想法一出現時，就馬上行動，讓惰性沒有乘虛而入的可能。

人們如此善於找藉口，卻無法將工作做好，的確是一件非常奇怪的事。如果那些一天到晚想著如何欺瞞的人，能將這些精力及創意的一半用到正途上，他們就有可能取得巨大的成就。

克服拖延的習慣，將其從自己的個性中根除。這種把你應該在上星期、去年或甚至十幾年前該做的事情拖到明天去做的習慣，正在啃噬你的意志，除非你摒棄了這種壞習慣，否則你將難以取得任何成就。有許多方法可以克服這種惡習：

（一）每天從事一件明確的工作，而且不必等待別人的指示就能夠主動去完成。

（二）到處尋找，每天至少找出一件對其他人有價值的事情，而且不期望獲得報酬。

(三) 每天要將養成這種主動工作習慣的價值告訴別人，至少要告訴一個人。

現在就動手做吧！如果你想逃避某項雜務，那麼你就應該從這項雜務著手，立即進行，否則，事情還是會不斷地困擾你，使你覺得繁瑣無趣而不願意動手。

七、對結果勇於負責

格里．富斯特講了一個簡單的故事，從故事中，你也許能對責任感的強弱做出比較清晰的分辨。

作為一個演說家，富斯特發現自己成功的最重要一點是讓顧客及時見到他本人和他的資料。

「最近，我安排了一次去多倫多的演講。飛機在芝加哥停下來之後，我打電話到公司辦公室以確定一切都已安排妥當。我走到電話旁，一種似曾經歷的感覺浮現在腦海中：

八年前，同樣是去多倫多參加一個由我擔任主講人的會議，同樣是在芝加哥，我打電話給辦公室裡那個負責資料的琳達，問演講的資料是否已經送到多倫多，她回答說：『別著急，我在六天前已經把東西送出去了。』『他們收到了嗎？』我問。『我是讓聯邦快遞送的，他們保證兩天後到達。』」

從這段話中可以看出，琳達覺得自己是負責任的。

她獲得了正確的資訊（地址、日期、連絡人、資料的數量和類型），她還選擇了適當的貨櫃，為了保護資料親自包裝了盒子，並及早提交給聯邦快遞，為意外情況預留時間。

但是，正如這段對話所顯示的，她沒有負責到底，直到有確定的結果。

格里繼續講他的故事：「那是八年前的事情了。隨著八年前的記憶重新浮現，我的心裡有些忐忑不安，擔心這次再出意外，我打給助手艾米，說：『我的資料到了嗎？』」

「『到了，艾麗西亞三天前就拿到了。』她說，『但我打電話給她時，她告訴我聽眾有可能會比原來預計的多四百人。不過別著急，她把多出來的也準備好了。事實上，她對具體會多出多少也沒有清楚的預計，因為允許臨時到場再登記入場，這樣我怕四百份不夠，保險起見寄了六百份。還有，她問我你是否需要在演講開始前讓聽眾手上有資料。我告訴她你通常是這樣的，但這次是一個新的演講，所以我也不能確定。所以，她決定在演講前提前發資料，除非你明確告訴她不這樣做。我有她的電話，如果你還有別的要求，今天晚上可以找到她。』」

艾米的一番話，讓格里徹底放下心來。艾米對結果負責，她知道結果是最關鍵的，在結果沒出來之前，她是不會休息的——這是她的職責！

安德魯大學畢業後，在一艘驅逐艦上工作。這艘艦艇是三艘姊妹艦中的一艘，它們出自同一家造船廠，來自同一份設計圖紙，在六個月的時間裡先後被分配到同一個戰隊中去。

派到這三艘艦艇上人員的背景也基本相同，船員們經過同樣的訓練課程，並從同一個後勤系統中獲得補給和維修服務。

唯一不同的是，經過一段時間，三艘艦艇的表現卻迥然不同。其中的一艘似乎永遠無法正常工作，它無法按照操作安排進行訓練，在訓練中表現也很差勁。船很髒，水手的制服看上去皺皺巴巴，整艘船彌漫著一種缺乏自信的氣氛。第二艘艦艇恰恰相反，從來沒有發生過大的事故，在訓練和檢查中表現良好。最重要的是，每次任務都完成得非常圓滿。船員們也都信心十足，鬥志昂揚。第三艘艦艇則表現平平。

造成這三艘艦艇不同表現的原因在哪裡？安德魯得出結論：艦上的指揮官和船員們對「責任」的看法不一。表現最好的艦艇是由責任感強的管理者領導的，而其他兩艘不是。

經過一段時間，這三艘艦艇都面對著同樣的設備、人員和操作問題。

表現最出色的艦艇秉承的責任觀是：無論發生什麼問題，都要達到預期的結果。而表現不佳的指揮官卻總是急於尋找藉口「引擎出問題了！」或者是「無法從供應中心得到需要的零件」。

同樣的事例也能在連鎖店的業態中獲得證明。每一個特許經營授權人都會告訴你，連鎖經營這種模式最令人不可思議的一點，就在於每個連鎖店的經營狀況都不一樣。

可他們無法解釋，為什麼兩個處在類似位置，擁有相同的營運系統、市場策略、設備、技術和市場定位的連鎖店，其經營結果卻大相徑庭？

表現不好的連鎖店常常會把責任推到店面位置、個別店的特殊性或者本地區客戶的特別態度上。但是，在任何一個具備一定規模的連鎖店，你總能發現一家雖然位置更差卻表現得更出色的店，也能找到那些具有同樣問題但表現仍然出色的店。

惡劣表現的所有理由，實際上都是站不住腳的。同時，表現優秀的人能夠找到令表現惡劣者頭痛不已的所有問題的解決方法。

成功的管理者一定是負責任的管理者。他們關注於結果，並想盡一切辦法去獲得結果。他們只關心結果，對找藉口不感興趣。他們只在意是否做了正確的事情，而不願意為花了精力和資源沒能帶來積極結果的事情找理由。

只要我們把責任推給別人而不是在自己身上找原因，失敗和低水準的表現就會變成理所當然的事實。

第八章　負責並竭盡全力地工作

所有的老闆都一樣，他們都不會青睞那些每天八小時在公司得過且過的員工，他們渴望的是能夠竭盡全力工作的員工，那些能夠真正把公司的事情當做自己的事情來做的員工，因為這樣的員工任何時候都敢作敢當，而且能夠為公司積極地出謀劃策。如果你真正熱愛你的公司的話，你就應該把公司的事情當成自己的事情，並竭盡全力地工作。

一、誠實正直是工作的根本

誠實正直具有強大的親和力，它可以讓你的服務對象和同行夥伴產生與你成為朋友的渴望，如果他們認為你對他們是公平公正的，他們就會無條件的接受你。

一個誠實正直的人首先應該是公正的。如果上司和同事偏離了正確的軌道，就應該及時加以阻止。一個誠實正直的員工，應該具備收集相關的事實、嚴密地考慮會出現的問題，然後做出判斷的能力。

一家公司的老闆因為生意上的問題而遭受了很大的打擊。但是，這家公司的職員在背後議論：「其實，我早就料到他會有這麼一天。我不說，是因為我不想被牽扯進去。」

他們的態度是：「這跟我有什麼關係？那是他自己的問題，我自己的事情已經夠多了。」你難道會說這樣的員工是誠實正直的嗎？我們怎麼能期待他們在工作中創造良好的服務品質呢？

如果你發覺老闆或是你服務的顧客正滑向一個錯誤的方向，你就應該毫不猶豫地加以阻止，即使他可能不接受你的勸告，你也要表現出自己的誠意。你沒有因為他是老闆或是顧客而虛偽地迎合他，你會因為說出真話而覺得心胸坦蕩。

那些善於拍馬屁、阿諛奉承的人，或許短時間內可能會獲得好處，但是絕對無法長久。無論偽裝出一副多麼誠實的面孔，老闆和客戶最終都會揭露虛偽者的真面目。

有的謊言有時並沒有什麼惡意，也不會造成什麼危害。但是，久而久之就會養成撒謊的習慣，進而變成根深蒂固的劣性，你的心靈也將漸漸被黑幕掩蓋。相反，誠實的人會逐漸形成寬容博大的胸懷。因此，說真話是獲得別人信任和尊敬的最有效的方法。

雖然你可以由於優雅的風度、仁慈的行為、豐富的知識，或者其他美德，贏得他人的尊敬。但是，一旦你有謊話被拆穿，所有的優點就會煙消雲散。只有真誠地袒露自己的心思，才能真正做到誠實無欺，贏得別人的尊重和依賴。

做一個可以信賴的人，那麼你的一舉一動都是誠實可靠的，絲毫沒有見不得人的地方。對自己的工作積極主動、盡心盡力，你會理所當然地得到升遷和獎勵的回報。這與你的職位和工作沒有任何關係，也與男女、長幼和貧富沒有任何關係。

在工作中，許多員工認為撒個小謊無傷大雅，從而抱著無所謂的態度，結果十分糟糕。如果你也是這樣想的，你會由此對工作不再認真，對公司和自己的工作不再忠誠，隨之而來的，你會失去誠實正直者所應得的回報。因此，永遠都不要嘗試說謊，只有這樣，你的心靈才會純潔，才能養成自律的習慣，工作和生活的環境才會變得寧靜平和。

即使你不小心犯了某種錯誤，那麼最好的辦法就是坦率地承認和檢討。並且在最短的時間內，盡可能快地對事情進行補救。只要處理得當，你一樣可以立於不敗之地。

誠實正直也許會使你暫時失去一些東西，有時候，也許會被人嘲笑，但是如果你能堅守這一品格，最後就會成為贏家。

真誠的人會更贏得更多的機遇，機遇總是去尋找誠實可靠的人！人的天性不會善待不公正的待遇。如果你討厭正直誠實，那麼能給予你機會的老闆和對你信任的顧客同樣也會討厭你。如果一開始你就讓別人感覺到你很狡猾，他人就會自然而然設立一道防護的屏障，來抵禦潛在的危險。

誠實正直又睿智的員工最受老闆的歡迎。如果你的上司確信你是一個誠實可靠的人，他們就會信任你，讓你擔負起重要的責任。如果你在和同事或顧客打交道的時候都誠實可靠，你也將得到豐厚的回報。

有些剛升遷的人，被自我中心主義折磨著，內心充滿欺詐，他們的同事既不喜歡也不尊敬他們，並且一有機會就會對他們施以報復，他們的好日子屈指可數！

一個誠實正直的人獲得財富和晉升的速度可能不如弄虛作假、投機取巧的人來得快，但那些利慾薰心的人不明白，在他們多得到一分金錢的同時，已經丟掉了一分品格。他們的錢袋中固然是有所增益了，但他們的人格卻減低了。聰明可能會欺騙你，而正直卻不會。如果你是誠實正直的人，你的成功會是一種真正的成功。即使在金錢地位上一時達不到理想的程度，然而你的人格尊嚴和受人尊敬的地位卻已經永久地保持了。而人格和良好的聲譽將會是你得到老闆重用和客戶依賴的最高保證。

經常回顧一下你的所作所為吧！你是否能毫無羞愧地說：「我是誠實正直的」？如果不能，請立即改變自己的行為方式吧！

二、設定明確可行的目標

有兩種人永遠無法超越別人：一種人是只做別人交代的工作，另一種人是做不好別人交代的工作。他們會成為第一個被裁員的人，或在同一個單調而卑微的工作職位上耗費終生的精力。

無論從事何種工作，都要首先有一個工作目標，如果你並不想從工作中獲得任何東西，那麼你只能在漫長的職業生涯的道路上無目的地漂流。只有目標在前方召喚，才會有進取的動力。

在《愛麗絲夢遊仙境》中，愛麗絲問小貓咪：「請你告訴我，我應該走哪條路呢？」小貓咪說：「這得看你要去什麼地方。」

「去哪裡我都無所謂。」愛麗絲說。

「那麼你走哪條路都可以。」小貓咪回答道。

「這……那麼，只要能到達某個地方就可以了。」愛麗絲補充道。

「親愛的愛麗絲，只要你一直走下去，肯定會到達某個地方。」

現實生活中，像愛麗絲那樣去哪裡都無所謂的員工大有人在。他們努力工作，勤奮學習，卻從來沒有一個工作目標，更談不上職涯規劃，他們只知道機械地工作，這種工作狀態，是永遠無法達到最高效率的。可以毫不過分地說，個人的發展會因此走更多的彎路，從平凡到卓越的前題是確定工作的目標，目標只有在不斷努力過程中才能實現，這是一個人成功與否的關鍵所在。

賴瑞· 希布朗（Larry Lee Hillblom）是世界領先的快遞公司 DHL 的三個創始人的首領。創業之初，希布朗發現了巨大的商機。但是，大型銀行和大型運輸公司都不願將他們全球的快遞業務交給三個沒有經驗的年輕人來做。希布朗領悟到，絕對有必要創建 DHL 全球物流。事實上，他們獲得大客戶前就已經建好了大部分物流。希布朗說他們這樣做的唯一原因是「我們相信我們能做成。」

曾有一位名叫 Campbell 的美國女子創造了一個奇蹟 —— 徒步穿越非洲，她不但穿越了森林和沙漠，也走過了四百英里的野地，她的壯舉令很多人感到吃驚。她的舉動受到了世界各地媒體的廣泛關注，當有人問她為什麼這樣做時，她回答說：「因為我說過我會這麼做。」當問她向誰說過這句話時，她的回答是：「向自己說過可以做到。」

英格麗· 褒曼（Ingrid Bergman），這位享響美國影壇的電影明星在十四歲生日那天，收到了一份珍貴的禮物 —— 一本羊皮封面的厚日記本，上面燙著她的名字，還附著一把鎖和鑰匙。褒曼決定把自己的理想和人生目標寫在上面，她在日記中寫下一段話：「我相信有一天，我會站在奧斯卡劇院的舞台上，觀眾坐在那裡，佩服地看著新一任薩伯· 伯恩哈特（當時著名的法國女演員）。」在褒曼二十三歲的時候，她實現了人生目標，步入了世界著名影星的行列。

管理專家活爾· 道奇在一篇文章中提出這樣一種觀點：「激勵員工不再是管理者一個人的責任，員工必須與管理者一起迎接這個挑戰，讓他們自己也分擔起激勵的責任。」

是的，長久以來，在我們的腦中始終存在這樣的概念，公司要不斷地想方設法激勵員工，但卻從來沒對員工的自我鼓勵問題提出過要求。而自我鼓勵最好的辦法就是為自己設定合適的遠大的目標，並為之百折不回地努力。

偉大的創業家，如利華（Lever Brother）、本田、福特和佩羅（Henry Ross Perot）在他們的工作中展示了兩種特質：一是熱愛自己的事業，並全心投入。二是在從事的事業上，他們總是自我激勵要達到他們設定的目標！道理很簡單，他們敢於面對結果，無論好壞，無論成敗，他們都把自己的精力和時間引向堅定的目標。

美國通用公司的董事長羅傑· 史密斯（Roger Smith）在進入通用之初，只是一個名不見經傳的財務人員。羅傑初次去通用公司應聘時，只有一個職位空缺，而招聘人員告訴他，工作很艱苦，對一個新人會相當困難。他信心十足地對接見他的人說：「工作再棘手我也能勝任，不信我做給你們看……」

在進入通用工作的第一個月後，羅傑就告訴他的同事：「我將成為通用公司的董事長。」當時他的上司對這句話不以為然，甚至嘲笑他自不量力，逢人便說：「我的一個下屬對我說他將成為通用公司的董事長。」這位上司沒想到，若干年後，羅傑·

史密斯真的成了世界上最大的「商業帝國」——通用公司的董事長。

在為工作目標奮鬥的過程中，不斷地激勵自己是必不可少的一項內容。這時的激勵，更多的是一種主觀的行為，是一種內心的自我暗示。不要再去想我這樣工作薪水會不會提高；我要好好表現，爭取下個月的公費旅遊名額，等等諸如此類的事情。我們必須把目標放得更遠一些，要知道，這些並不是你工作的目的，也不是為之付出努力的真正意義，要向更高的目標邁進。

不斷地告訴自己，我可以做得更好，我可以讓這份工作更具意義，那麼你就成為更加完美的員工。

三、千萬不要自以為是

自以為是的人多是因為他們確實有著可以自豪的地方，這使人們對他們產生一種佩服的感覺，甚至還去學習他們。但是，過分地自豪，甚至自大、狂妄，驕傲得不著邊際，那就預示著一種危險，一種潛在的巨大危機。

古希臘有一位先哲說過這樣的話：「傲慢始終與相當數量的愚蠢結伴而行。傲慢總是在即將成功時，及時出現。傲慢一現，謀劃事必敗。」

一個人如果太驕傲了，就會藐視一切權威，藐視一切規則，變得妄自尊大，瞧不起所有人，誰都不放在眼中。就算是有人勸他該如何，他也仍舊固執地堅信自己的所作所為並沒有錯，聽不進任何勸誡的話，就是「不承認世界上有比他更強大的人，不承認客觀實際，目空一切」，慢慢地整個世界變得似乎只有他一個人存在似的，嚴重脫離實際，最後，只能是孤獨一人，走向人生的失敗。

巴爾塔沙・葛拉西安（Baltasar Gracián）也說：「人若天天表現自己，就拿不出使人感到驚訝的東西，必須經常把一些新鮮的東西保留起來。對那些每天只拿出一點招數的人，別人始終保持著期望。所有人對他的能力都摸不著底。」

鋼鐵大王卡內基曾給一位即將登上經理之位而躊躇滿志的年輕人這樣的勸告：「這個位置很適合你，你也有能力做好這份工作。不過，請謹記，你既然準備接任這份工作，就要馬上著手解決問題。要知道，即使是一個陌生人，也能發現問題。全力以赴地去做好你的工作，但同時要注意你的後面，看看是不是有人沒跟上，如果後面沒有人跟著你前進，你就不是一個稱職的領導者。別忘了，你並不是一個不可取代的人，在你感覺情況還不錯的時候，要儘量冷靜地思考，你的幸運可能是你得到好機會，交上了好朋友或是對手太弱。一定要保持足夠的謙虛，不然的話現在有十二個人可以勝任這個職位，我相信他們當中一定會有一兩個會做得比你出色。因此，千萬不要自以為是。」

從哲學意義上來界定，謙虛這種意識應該是對社會環境和自身價值的認知，它符合用客觀的觀點認識社會及人生。

在這個意義上，謙虛遠遠超過了道德範疇上的意義。同時，謙虛是一種人類特有的能力和自我反思，總結經驗的能力。人類社會不斷進步，只要我們時刻保持健康的心態，豁達的胸懷，那麼成功就會與我們同在。

在工作中，一定要保持謙虛的工作態度，不要傲慢自大，但同時也要正視自己的貢獻。盧梭（Jean-Jacques Rousseau）曾經說過：「偉大的人絕不會濫用他們的優點，他們看出自己超越別人的地方，並且意識到這一點，然而絕不會因此就不謙虛。他們的過人之處越多，他們就越能認識到自己的不足。」

談話之前請必須好好思考一下，對事情所涉及到的人或事要有分寸，自己要誠實，屬於自己的功勞，要多懂得與人分享。

四、凡事不要等到下一次

「凡事不要等到下一次」是一種追求精益求精的工作態度。許多員工做事不精益求精，只求差不多。儘管從表現上看來，他們也很努力、很敬業，但結果卻總是無法令人滿意。

在不斷追求完美的行為準則上「凡事不要等到下一次」是一個應該重視的理念。如果這件事情是有意義的，現在又具備了把它做好的條件，為什麼不現在就把它做好呢？

「凡事不要等到下一次」，這個概念也許令人疑惑：怎麼可能第一次就把事情做對呢？人又不是上帝，怎麼可能不犯錯呢？不是允許合理的誤差嗎？不是允許一定比例的廢品嗎？

但是從豐田公司的全面品質管制和準時化生產中來看，人們會驚奇地發現，原來，第一次就把事情做對不僅是可能的，而且是一定要做到的。想想看，每一個零件生產出來之後馬上就被送去組裝，因為沒有庫存，任何一個環節出了品質問題，都會導致全線停產，所以必須百分之百的「第一次」就把事情做對。實際上，進一步說：「凡事不要等到下一次」是追求精益求精的一種工作態度。

芝加哥市政廳的一份研究報告披露，在芝加哥因草率工作造成的損失，每天至少有一百萬美元。該城市的一位商人曾對我說，他必須派遣大量的稽查員，去各分公司檢查，盡可能地制止各種草率行為。在許多員工眼裡有些事情就算第一次出了錯也有挽救的餘地，但積少成多，積小成大，就是這樣的一些事情影響了他們在老闆心目中的形象，影響他們的升遷。

一家公司在牆上寫著這麼一句格言：「在此一切都求精益求精。」

精益求精！如果每個人都能恪守這一格言，其自身素養不知要提高多少！也不知道要減少多少災禍！無論做什麼事，都能盡善盡美地努力，以求得最佳的結果，它不僅能提高工作效率和工作品質，而且能夠樹立起一種高尚的人格。這是一句令人心生感觸的話，值得每個人終生銘記！

有一個管理上千名員工的公司經理，剛開始時他只不過是一間家具店的學徒。「不要在這件事上浪費時間了，它是毫無價值和意義的！」他的老闆常常對他說。而這個學徒一有空閒，就琢磨修理家具，很快地他就熟練地掌握了修理家具的精湛技術。他如此認真仔細，甚至連店主都覺得有些過分。不滿足於良好狀態，堅持做每一件事都精益求精——成為他的工作習慣，也正是這種良好的習慣將這位年輕人推上一個又一個重要的位置。

當你工作時，應該這樣要求自己：能做到最好就不要做到差不多；可以努力達到藝術家的水準，就不要甘心做一個平庸的工匠。

五、成為自己工作領域的專家

無論你從事什麼職業，都應該精通它，下決心掌握自己職業領域的所有問題，比別人更精通。如果你是工作方面的行家，精通自己的全部業務，就能贏得良好的聲譽，也就擁有了成功的祕密武器。

有一個關於成功的寓言故事，一直在很多公司的員工之間廣泛流傳。它取自於一個名為《飛向成功》的暢銷書，作者之一便是唐納德・克利夫頓博士（Dr. Donald O. Clifton）。

森林裡的動物們設立了一所學校。開學典禮的第一天，來了許多動物，有小雞、小鴨、小鳥，還有小兔、小山羊、小松鼠。而學校為牠們開設了五門課程，唱歌、跳舞、跑步、爬山和游泳。當老師宣布，今天上跑步課時，小兔子興奮地在體育場上來回跑，並自豪地說：「我能做好我天生就喜歡做的事！」而再看看其他小動物，有噘著嘴的，有垮著臉的。放學後，小兔回到家對媽媽說，這個學校真棒！我太喜歡了。第二天一大早，小兔子蹦蹦跳跳來到學校。老師宣布，今天上游泳課，小鴨子興奮地一下子跳進了水裡。天生害怕水，從來不會游泳的小兔子傻了眼，其他小動物更不知所措。接下來，第三天是唱歌課，第四天是爬山課……以後發生的情況，便可以猜到了，學校裡的每一天課程，小動物們總有喜歡的和不喜歡的。

唐納德・克利夫頓博士說，這個寓言故事寓意深遠，它詮釋了一個通俗的哲理，那就是「不能讓豬去唱歌，讓兔子學游泳」。要成功，小兔子就應跑步，小鴨子就該游泳，判斷一個人是不是成功，主要看他是否充分發揮了自己的能力。

許多人都曾為一個問題困惑不解：明明自己比他人更有能力，但是為什麼成就卻遠遠落後於他人？不要疑惑，不要抱怨，而應該先問問自己一些問題：

——自己是否真的走在前進的道路上？

——自己是否像畫家仔細研究畫布一樣，仔細研究職業領域的各個問題？

——為了增加自己的知識面，或者為了給你的老闆創造更多的價值，你認真閱讀過專業方面的書籍嗎？

——在自己的工作領域你是否做到了盡職盡責？

如果你對這些問題無法作出肯定的回答，那麼這就是你無法取勝的原因。如果一件事情是正確的，那麼就大膽而盡職地去做吧！如果它是錯誤的，就乾脆別動手。

要想成為公司中的權威人物，要學會主動給自己「加壓」，把工作中的壓力變成學習的動力。到公司的第一年，你可能是個社會新鮮人，那第二年，第三年呢？要想增加自身「資格」的含金量，非得主動加壓不可。

如果你是一個熱愛寫作的人，那麼初到報社，你或許只能做校對或者給讀者回信的工作，但隨著上司對你工作的認可，為什麼不多寫稿子，朝記者的方向發展呢？為什麼不能以版面編輯的職責來嚴格要求自己呢？主動給自己加壓，任何努力都有回報，或許在你默默地、光明磊落地「表現自己」的時候，你的上司已在一旁微笑著注意你了。

一個年輕人就個人努力與成功之間的關係請教一位長者：「你是如何完成如此多的工作的？」長者回答說：「我在一段時間內只會集中精力做一件事，但我會徹底做好它。」

如果你對自己的工作沒有做好充分的準備，又怎能因自己的失敗而去責怪他人、責怪社會呢？現在，最需要做的就是「精通」二字。

一個人無論從事何種職業，都應該盡自己的最大努力，發揮出所有的優勢，追求不斷的進步。這不僅是工作的原則，也是人生的原則。如果覺得自己一無是處，毫無特長可言，沒有了理想，失去了方向，生命就變得毫無意義。一位先哲說過：「如果有事情必須去做，便全身心投入去做吧！」另一位智者則道：「不論你手邊有何工作，都要盡心盡力地去做！」無論你身居何處（即使在貧窮困苦的環境中），如果能以全部精力投入熱情的工作中，最後就會獲得財富。那些在人生中取得成就的人，一定是在某一特定領域裡進行過堅持不懈的努力。

六、創建和諧的人際氛圍

在職業生涯中，無論如何強調擁有良好的人際關係的重要性都不過分。良好的人際關係有利於營造良好、愉悅的工作氛圍，使公司充滿活力和生機，不僅提高了工作效率，而且可讓工作中的人心情舒暢，這樣的結果是管理者與員工都希望看到的。

在一個公司當中，首要的任務就是塑造員工的個性，鍛鍊員工的獨立工作能力，培養員工的團隊合作意識；而作為一個員工的首要任務就是快速融入群體，進入工作狀態，儘快熟悉工作環境，掌握工作內容，與部門同事及上司團結一致。

我們可以看到，許多在大公司工作的人，尤其是在那些以技術工作為主的公司中，他們都十分重視技術能力的學習與提升，甚至全身心地投入到技術開發之中，這固然也是成為優秀員工的重要一面。而值得提醒的是，個人英雄主義只會出現在那些不確實際的電影中，迷信完全以自我為主的人是不可能取得勝利的，所以，絕對不可忽視團隊合作精神與集體榮譽感的培養。

在很多大公司裡，每個人都在努力縮短人與人之間的距離，創造一個良好的人際關係氛圍。

小湯瑪斯・沃森（Thomas Watson Jr.）曾經說過：「沒有任何事物能夠代替良好的人際關係，以及這種關係所帶來的高昂的士氣和幹勁……良好的人際關係說起來很容易。我認為真正的經驗就是，你必須堅持全力以赴的塑造這種良好關係，此外，更重要的是，所有人必須形成一種團結的力量。」

有一個寓言，說的是嚴寒的冬天裡，一群人點燃起一堆火。熊熊烈火，烤得人渾身暖烘烘的。有個人想：天這麼冷，我絕不能離開火堆，不然我會被凍死。其他人也都這麼想，沒有一個人願意離開火堆去尋找新的柴火。於是這堆無人添柴的火不久便熄滅了，這群人全被凍死了。

還有一群人點起了一堆火，一個人想：如果大家都只烤火不添柴，這火遲早會滅的。其他人也都這樣想。於是大家都去撿柴，無人烤火，可是這火不久也熄滅了，原因是大家只顧撿柴，沒有烤火，均陸續死在撿柴的路上，火最終因缺柴而滅。

另外還有一群人點起了一堆火，這群人沒有全部圍著火堆取暖，也沒有全部去拾柴，而是定了輪流取暖拾柴的制度，一半人取暖，一半人拾柴，於是人人都參與撿柴，人人都得到溫暖，火堆因得到足夠的柴源不住地燃燒，大火和生命都延續到了第二年的春天。

所有的企業管理者都不會否認，在任何組織和公司當中，要成為其中優秀的人必須具有適當的處理與協調人際關係的能力，或者說，就是要擺正自己在組織或團體中的位置，這是做好一份工作最基本的要求。正確處理人際關係，形成相互合作、相互支持發展的良性互動關係，創造利己利人的雙贏局面，這也是個人成功的關鍵。

但是，許多知識水準較高的人由於心胸狹窄、眼界不開闊、遇事走極端，無法與他人相處；有的人則孤傲自大，太過高估自己，從而無法充分發揮自己的才能。這些人的價值觀、人生觀與社會發展背道而馳，往往不能在公司中完全體現自身的價值，他們在公司中發展的空間和層次都是非常有限的。

實際上，是否能建立良好的人際氛圍，關鍵在於自己的心態，堅持正確的工作態度，都會擁有良好的人際關係。英國首相休姆（The Rt Hon. Sir Alec Douglas-Home）曾經因為一個政策，被持相反意見的國會議員和社會輿論連續在議會和報紙上，大肆批評了一個星期。朋友對休姆很同情，忍不住問他：「這種像轟炸機傾巢而出的報復行動，你怎麼能夠受的了呢？」

「還好我身上流著蘇格蘭人堅強的血液，」休姆笑了一笑回答，「最重要的原因是每當我聽到別人批評我的政策時，我一定會這樣想：嘿！罵吧！這種廣告宣傳是不用花錢的。」

除此之外，不可否認的是，人際交往都有一定的原則和技巧，例如為人所熟知的真誠、人際相互作用、維護別人的自尊、主動為人服務等原則，都要有意識地去實踐，只有這樣，才能擁有良好的人際關係。

在美國康乃狄克州的哈特福特市，有一位非常有名的普通郵遞員，要在此提起他的原因並不是因為他工作有多出色——事實上，他工作得真的很出色——而是因為他幾乎擁有美國最完美的人際關係氛圍。在這個郵遞員所負責的那個街區裡，有一百八十七個家庭，按照平均每個家庭有三個人來計算，那麼這位郵遞員每天的工作就是與這五百六十一個人打交道。這是一個多麼龐大的群體！有些人可能會因此感到頭疼不已，認為與這麼多人打交道實在是一件困難的事情。但是郵遞員卻受到這個街區所有家庭的歡迎，曾有人疑惑不解地問他：「你為什麼會擁有這麼好的人緣？」郵遞員先生輕鬆地說：「其實沒什麼，只不過我每天在送信的時候，都會與他們打個招呼，向他們微笑。」是啊，有時候良好的人際關係就是這樣不經意創造出來的。

反過來說，如果一個連人際關係都處理不好的員工，他怎麼讓人相信能夠擔當重任，怎麼讓人相信可以被委以重任，管理他人呢？

七、每個人都影響著自己的公司

每個人都可以使自己的公司有所改變，公司的每一個變化，每一個進步，都與個人密切相關。雖然這是一個十分簡單的概念，但是卻對所有的員工產生巨大的影響。

世界上許多著名的公司都已經瞭解到員工發揮自身優勢的重要性。

美國惠普公司創建於一九三九年，該公司不但以卓越的業績跨入全球知名的百家大公司行列，更以其對人的重視、尊重與信任的企業精神聞名於世。惠普的創建人比爾・惠利特(William Redington Hewlett)說：「惠普的成功，靠的是『重視人』的宗旨。就是相信惠普員工都想把工作做好，有所創造。只要給他們提供適當的環境，他們就能做得更好。」

有一家小公司，每週都會評出一個「本週最佳創意獎」，雖然獎金不多，但員工因此得到的被重視的感覺是無法用金錢衡量的。

怎麼樣才能擁有改變公司的力量。首先，你要知道，你擁有無窮的潛力，這是一個事實，你擁有的智慧與創造力，足可以改變這個公司。

偉大的心理學家詹姆斯（William James）說過：「我們所知道的只是我們頭腦和身體資源中極小的一部分。」人的潛能就如懸浮於海洋上的一座冰山，人們只看到了它露出水面的那隱隱約約的極小一部分，而它絕大部分都被海水淹沒，被我們忽視。

幾年前，英國的報紙傳出一則消息，說英國打算取消智慧財產局，因為他們認為世界上所有應該有的東西都已經發明出來了，所以智慧財產局就失去了它的作用。當然，這個消息更像一個笑話。人的大腦是一座取之不盡的寶藏，人類社會發展到今天，正是在自身的想像力與創造性的推動下完成的。人類的每一個發明創造，都可能影響這個世界未來的發展。

微軟公司在招聘新員工的時候，一些話總是會被重複地問道：

「你對軟體設計有興趣嗎？」

「你認為軟體的開發，對人的生活會產生什麼樣根本性的影響？」

這些是進入微軟的員工必須回答的問題。

一位微軟的高級人力資源培訓主管給出了解釋：

「軟體設計是一種創造性的工作、微軟又是一個特別注重工作效率的公司，它需要的人，除了具備基本的軟體知識外，必須要有豐富的想像力，高超的創造力，因為自由創造就是微軟的企業精神。」

在美國西南航空公司的宣傳畫冊上寫著醒目的文字：「我們有全美國最出色的駕駛員。」的確是這樣，西南航空為他們的駕駛員感到十分自豪。他們用自己的智慧，為公司節省了大量的成本。

西南航空一年內在汽油上的開銷大概是三點五億美元，管理者想盡辦法，都無法將這個成本降低。但是西南航空公司的駕駛員們卻在不影響服務品質的前提下，使這一成本縮減了百分之十。因為西南航空的每一位駕駛員都知道在機場內如何走近路，他們十分清楚走哪一條滑行跑道最節省時間，正因為每一個飛行員在飛行時，都能有意識地主動節省時間，而節省一分鐘就節省八美元，這樣算下來，這個數字是相當驚人的。

曾經有記者問愛因斯坦（Albert Einstein）：「您取得了這樣的成就，是不是因為您充分開發了自己的大腦？」

愛因斯坦答道：「不，我大概只利用了百分之十的大腦能力。」記者十分震驚，繼續問道：「那一般人能利用多少呢？」

「可能百分之四左右。」愛因斯坦平靜的回答道。

人的創造力是無限的，如果我們能意識到這一點，就應對自己的創造潛力充滿信心，就要喚醒自己心中潛在的創造意識，促使我們由普通人向創造性人格轉變，重新重視存在於我們身上的寶貴的創造資源。

八、充滿熱情地投入到工作中

愛默生說：「一個人，當他全身心地投入到自己的工作之中，並取得成績時，他將是快樂而放鬆的。但是，如果情況相反的話，他的生活則平凡無奇，且有可能不得安寧。」

一個對自己工作充滿熱情的人，無論在什麼公司工作，他都會認為自己所從事的工作是世界上最神聖、最崇高的一項職業；無論工作的困難是多麼大，或是品質要求多麼高，他都會始終一絲不苟、不急不躁地去完成它。

有熱情就意味著受到了鼓舞，鼓舞為熱情提供了能量。賦予你所做的工作以重要性，熱情也就隨之產生了。即使你的工作沒什麼魅力，但只要善於從中尋找意義和目的，也就有了熱情。

當一個人對自己的工作充滿熱情的時候，他便會全身心地投入到自己的工作之中。這時候，他的自發性、創造性、專注精神等等便會在工作的過程中表現出來。

雅詩．蘭黛（Estée Lauder）是許多年來《財富》與《富比士》雜誌等富商榜上的傳奇人物。這位當代「化妝品工業皇后」白手起家，憑著自己的聰穎和對工作和事業的高度熱情，成為世界著名的市場推銷奇才。由她一手創辦的雅詩蘭黛化妝品公司，首創了賣化妝品贈禮品的推銷方式，使得公司脫穎而出，走在了同行的前列。她之所以能創造出如此輝煌的事業，不是靠世襲，而是靠自己對待工作和事業的熱情得來的。

在八十歲前，她每天都能鬥志昂揚、精神抖擻地工作十多個小時，她對待工作的態度和旺盛的精力實在令人驚訝。如今的蘭黛名義上已經退休了，而實際上，她照例會每天穿著名貴的服裝，精神抖擻地周旋於豪門貴族之間，替自己的公司做無形的宣傳。

許多人對自己的工作一直未能產生足夠的熱情與動力，主要的問題可能就出在他根本不知道自己為何需要這份工作。

其實，能擁有工作是幸福的。美國汽車大王亨利．福特曾說：「工作是你可以依靠的東西，是個可以終身信賴且永遠不會背棄你的朋友。」連擁有億萬資財的汽車業鉅子都還如此地熱愛工作，那我們似乎也難以找出不喜愛工作的理由了。

由熱愛工作，到對工作產生熱情，是一個熟悉並逐漸深入工作的過程。隨著工作的深入，熱情可以轉為激情。

激情是工作最好的朋友，是否具備這種古老的狂熱精神，決定了你是否能夠得到工作，是否能拿到訂單，更為重要的是，你是否能保住你的工作。

激情是高水準的興趣，是積極的能量、感情和動機。你的心中所想決定著你的工作結果。當一個人確實產生了激情時，你可以發現他目光閃爍，反應敏捷，性格好動，渾身都有感染力。這種神奇的力量使他以截然不同的態度對待別人，對待工作，對待整個世界。

偉大人物對使命的熱情可以譜寫歷史，普通員工對工作的熱情則可以改變自己的人生。著名人壽保險推銷員貝特格(Frank Bettger)正是憑藉對工作的高度熱情，創造了一個又一個奇蹟。

當貝特格剛轉入職業棒球界不久，便遭到有生以來最大的打擊，他被約翰斯頓球隊開除了。他的動作無力，因此球隊的經理要他走人。經理對他說：「你這樣慢吞吞的，根本不適合在球場上打球。離開這裡之後，無論你到哪裡做任何事，若不提起精神來，你將永遠不會有所發展。」

貝特格為了生計，所以去了賓州的一個叫賈斯特的球隊，從此他參加的是大西洋聯賽，一個級別很低的球賽。和約翰斯頓隊一百七十五美元相比，每個月只有二十五美元的薪水更讓他無法找到熱情。但他想：「我必須熱情四射，因為我要活命。」

在貝特格來到賈斯特球隊的第三天，他認識了一個叫丹尼的老球員，他勸貝特格不要參加這麼低級別的聯賽。貝特格很沮喪地說：「在我還沒有找到更好的工作之前，我什麼都願意做。」

一個星期後，在丹尼的引薦下，貝特格順利加入了康州的紐黑文球隊。這個球隊沒有人認識他，更沒有人責備他。在那一刻，他在心底暗自發誓，要成為整個球隊最具活力、最有熱情的球員。這一天成為他生命裡最深刻的烙印。

每天，貝特格就像一個不知疲倦的鐵人奔跑在球場，球技也提高得很快，尤其是投球，不但迅速而且非常有力，有時居然能震落接球隊友的護手套。

在一次聯賽中，貝特格的球隊遇上實力強勁的對手。那一天的氣溫達到了三十七度，身邊像有一團火在炙烤，這樣的情況極易使人中暑暈倒，但他並沒有因此而退縮。在快要結束比賽的最後幾分鐘裡，由於對手接球失誤，貝特格抓住這個千載難逢的機會，迅速攻向對方主壘，從而贏得了決定勝負的至關重要的一分。

發瘋似的熱情讓貝特格有如神助，它至少起到了三種效果：第一，使他忘記了恐懼和緊張，擲球速度比賽前預計的還要出色；第二，他「瘋狂」般的奔跑感染了其他隊友，他們也變得活力四射，他們首先在氣勢上壓制了對手；第三，在悶熱的天氣裡比賽，貝特格的感覺出奇的好，這在以前是從來沒有過的。

從此，貝特格每月的薪水漲到了一百八十五美元，和在賈斯特球隊每月二十五美元相比，他的薪水在十天的時間裡猛增了百分之七百，這讓他一度產生不真實的感覺，他簡直不知道還有什麼能讓自己的薪水漲得這麼快，當然除了「熱情」。

我們知道，沒有任何一個人願意與一個整天提不起精神的人打交道，也沒有任何一家公司的老闆會提拔一個在工作中萎靡不振的員工。因為一個人在工作的過程中萎靡不振，不但會降低自己的工作能力，還會對他人產生負面的影響。

IBM 公司的人力資源部部長曾對記者說：「從人力資源的角度而言，我們希望招到的員工都是一些對工作充滿熱情的人，這種人儘管對行業涉獵不深，年紀也不大，但是，他們一旦投入工作之中，所有工作中的難題也就不能稱之為難題了，因為這種熱情激發了他們身上的每一個鑽研細胞。另外，他周圍的同事也會受到他的感染，從而產生出對待工作的熱情。」

麥當勞店內的員工，他們的工作很簡單，並且有一套非常有效的生產作業在背後支援。他們也很少遇到不尋常的要求，跟客戶打交道也不會面臨很多困難。但是就是這麼簡單的工作，員工們對此傾注了百分之百的熱情。他們永遠面帶微笑，非常有禮貌地面對客人。熱情使他們做事機敏——工作速度既快，品質又好。

對於一名公司員工來說，熱情就如同生命。憑藉熱情，我們可以釋放出潛在的巨大能量，發展出一種堅強的個性；憑藉熱情，我們可以把枯燥乏味的工作變得生動有趣，使自己充滿活力，培養自己對事業的狂熱追求；憑藉熱情，我們可以感染周圍的同事，讓他們理解你、支持你，擁有良好的人際關係；憑藉熱情，我們更可以獲得老闆的提拔和重用，贏得珍貴的成長和發展的機會。

一個沒有熱情的員工不可能始終如一、高品質地完成自己的工作，更不可能做出創造性的業績。如果你失去了熱情，那麼你永遠也不可能在職場中立足和成長，永遠不會擁有成功的事業與充實的人生。所以，從現在開始，對你的工作傾注全部的熱情吧！

九、學會不斷地追求完美

追求完美的工作表現，並不是指單純地追求工作業績。它也不是一種生活標準。它是一種心理狀態和存在。在完美的工作中，你可以將自己最擅長的才智發揮出來，應用到你追求的事業上，工作的環境更適合你的個性和價值觀念。

在這個世界上，許多人對自己的工作並不滿意。但他們不努力去改變自己的現狀，年復一年、日復一日地默默地忍受著工作為他們帶來的苦惱。當他們感到沮喪或筋疲力盡時，他們便會自我安慰道：「唉！有什麼辦法呢？這就是生活！我還能做些什麼呢？」言下之意，只要能賺錢養家，枯燥乏味的工作是可以容忍的。

事實上，他們對工作的意義缺乏深入的理解，要知道，畢竟錢再多也不能使人忍受得了所有乏味無趣的工作。其實你並不需要委屈自己的夢想。你可以使你的工作變成你所希望的理想狀態。

不要滿足於尚可的工作表現，要做最好的，你才能成為不可或缺的人物。人類永遠不能做到完美無缺，但是在我們不斷增強自己的力量、不斷提升自己的能力的時候，我們對自己要求的標準就要越來越高。這是人類精神的永恆本性。

對於我們來說，順其自然是平庸無奇的。為什麼在可以選擇更好的時候我們總是選擇平庸呢？為什麼不好好利用三百六十五天呢？為什麼我們只能做別人正在做的事情？為什麼我們不可以超越平庸？

如果一個運動員順其自然的話，那麼他不會贏利奧林匹克競賽。把金牌帶回家的運動員必須超越已有的記錄。

著名的學者、演講家魯迪· 康維爾曾說過：「不要總說別人對你的期望值比你對自己的期望值高。如果有人在你所做的工作中找到失誤，那麼你就不是完美的，你也不需要去找一些理由。承認這並不是你的最佳表現，千萬不要挺身而出去捍衛自己。當我們可以選擇完美時，為何偏要選擇平庸呢？我不相信人們說那是因為天性使他們要求不太高。他們可能會說：『我的個性跟你不同，我並沒有你那麼強的上進心，那不是我的天性。』」。

對於「追求完美的工作表現」的人來說，他們的才華、熱情和價值取向是一致，而且他們時常有一種強烈的個人成就感。他們心存一個內在的指南，他們永遠在追尋他們生活中的目標。他們對於時間和金錢這兩項最寶貴的財富，有著明確的把握。面對生活中碰到的障礙，他們只當作這是生活的本色。

聖克里瑞爾在《工作之美》一書中指出，工作具有三個關鍵功能：「給人們提供一個發揮和提高自身才能的機會；透過和別人一起共事來克服自我中心的意識；對自己提出更高的要求。」

我們需要找尋機會在工作中實現這三點。我們中間的多數人前兩點做得相當好。但我們在對自己提高更高的要求方面能做得更好。事實證明這做法才是發揮和提高我們才智的最好方法。

第八章　負責並竭盡全力地工作

第九章　責任讓你從優秀走向卓越

在這個世界上，不存在不負責任的工作。不要害怕承當責任，要知道，對工作負責就是對你自己負責，所以，只要下定決心，就可以承當起任何責任，就可以比別人做的更出色，就可以讓自己從優秀走向卓越。追求卓越的過程，是不斷成長、進步和超越自我的過程，是「沒有最好，只有更好」進取精神的體現。只要你總有向上的欲望，總認為自己未達到頂峰，總想刷新自己以往的紀錄，始終保持著卓越的氣質，你就能邁向卓越，保持你無人可替代的強勢地位。

一、具備良好的職業心境

心境決定環境！很多時候確實是這樣，心境決定著我們態度，心境決定著我們效率。好的心境提高我們執行的效率，提升著我們的業績。

埃克森美孚公司把總部設在達拉斯郊區一個僻靜之處，那附近的牛仔體育館是總部員工每週必去的地方，就連已經六十二歲的公司董事會主席兼執行長李· 雷蒙德（Lee Raymond），也會偶爾穿著短褲去上踢幾腳 —— 雖然這位世界最大石油公司的掌門人從來不喜歡拋頭露面。

與此同時，我們應該注意：位於德州達拉斯的洛克菲勒宮，是李· 雷蒙德和石油行業其他不多的幾位達官顯貴們的聚會場所。

邦迪是麻省理工學院研究生，畢業後直接進入了埃克森美孚公司，不久便成為分公司一名銷售經理的候選人。但是，邦迪進入這家公司的第一份工作是坐在辦公室接聽電話、處理檔案。雖然畢業於名校，但是由於他從小在農場長大，知道辛勤工作才能獲得幸福的生活，所以他一直保持著良好的職業心態：做好身邊的工作，為明天累積經驗。

邦迪從到公司應聘的第一天起，他就耐心地做著份內的工作，沒有怨言，面試他的人覺得自己沒有選錯人，對他的評價很好。一年後，邦迪被派往總部接受培訓。如今，他已經是這個跨國公司的一位區域經理了，負責產品的銷售和開發。「緊張的工作有什麼不好？緊張的工作反而能夠讓我們學到比別人更多的知識。有時候，緊張的工作也是一種難得的環境，讓我更加珍惜已經擁有的這份職業。」

另外，一個心境寧靜的人，總是有一個很強的時間觀念，總是能夠很好地保護並珍惜自己的時間。在他們的心裡，每一件工作需要的時間都被理智地分割和籌劃過。

高效率的人士處理事務會直接切入主題，以免浪費時間，不太關心給人的感覺可能是十分莽撞或者輕視別人。他們瞭解自己無法一直滿足每一位與他們接觸的人所提出的要求。他們會判斷要花多少時間在每個人身上。他們說應該說的話，做應該做的事，並且採取相應的措施。

如果一個人靠著洗車維持生計，每小時能夠洗兩輛車，洗一輛車的報酬為十美元，那麼這個人的每小時的薪水就是二十美元。高效率的人會籌劃工作所需付出的努力，也會依照自己所花的時間成本，衡量應有的報酬。如果他每次給車輛做安檢的費用為二十美元，又可以在一個小時內給四輛車做完安檢，那麼他每小時的收入就有八十美元。以他目前洗車只有二十美元的時薪，改為替車輛做安檢，倒是獲利極佳的工作。

在他們的心境中，他們知道每小時的時間意味著什麼。現實生活中，大多數忙碌的成功者，都知道時間所帶來的無情壓力。他們不斷地掌握時間，就好像在公司中持有數量有限的珍貴的原料存貨一樣。成功的時間管理者也會運用同樣的分類方法，把一天以小時作為劃分單位，更加小心地運用自己的時間。

如果我們對自己的工作有了愉悅的心境，那麼可以說我們已經喜歡上了自己的工作，這時的工作就成為了自己真正的事業了。

對於大多數人來說，成功意味從事自己喜歡的工作，同時還能維持較好的生活。可是日常工作中，我們不可能對每個任務都保持著同樣愉悅的心境，所以，我們可以試著把那些硬性的工作與那些有趣的工作協調、融合在一起，進而從中取得某種平衡。

高效率的人士，除了樂在工作外，也能從高效率本身獲得愉悅的心情。這些人未必都是工作狂。不過，他們卻以自己的成就和效率為傲。

許多高效率的人士，除了從本身工作、專長或技能中獲得快樂以外，也能為自己身為高效率的時間管理者而感到興奮。我們有能力改變自己的心境和行為。我們選擇怎樣的工作態度，這決定我們是否擁有快樂的心境。

我們可以不去考慮選擇的動機是什麼，但要利用一種選擇，讓我們不僅能夠享受工作的樂趣，也能夠把工作做好。對我們來說，選擇的動機就是避免呆板、沒有效率或回報的工作。每天進入公司，我們感謝能夠依靠工作維持不錯的生活，使我們不必做其他讓自己覺得無趣的工作，這也是一種應有的態度，一種良好的心境。

我們所知道的那些高效率的人，都選擇了自己相當喜愛的工作，也從來沒有停止過對這種心境的追求。李・雷蒙德先生就曾經說過：「你不但要享受自己的成就，也要享受自己的計畫。不管你的工作多麼低微，你都必須對工作保持興趣，因為在不斷改變的時間財富中，這才是你真正擁有的東西。」

要讓自己的工作效率得到顯著提升，並不需要怎樣激烈的改變，而保持良好的心境就也是關鍵。以最好的心境對待工作，工作回報給我們的就是更大的快樂，我們的工作效率也會因此而提高。也許就是這麼簡單，如果你還是感覺迷茫，那麼就和同事一起去喝杯咖啡吧……

二、優秀是你走向卓越的強大敵人

古姆・柯林斯（Jim Collins）在《從優秀到卓越》一書中寫到：優秀是卓越強大的敵人。這就是為什麼鮮有優秀者實現卓越的主要原因。

我們沒有卓越的學校，主要是因為我們有優秀的學校；很少人能過上美滿的生活，基本原因是過上好生活很容易；絕大多數公司始終未能成為卓越公司，全是因為它們絕大多數都是優秀公司……

這些話聽起來有些彆扭，深究則會發現，寓意極為深刻。設想一下，如果一個人總認為自己不夠優秀，總認為自己做得不夠好，總是不滿足於現狀，他就會有很強的進取心和創造性張力，拚命去努力——努力學習，努力工作，努力把自己變得更優秀、更出色，不斷挑戰自我、刷新自我、超越自我，直至向更高的巔峰——卓越邁進。

在一次記者採訪中，喜劇大師卓別林（Sir Charles Chaplin）說：「我不敢說我是好萊塢最優秀的演員，但我敢肯定我是這裡最勤奮的演員。」

或許是他認為自己不是最優秀的，所以才會比別人更勤奮、更努力，又因為比別人付出的更多，傾注的心血和心力更多，所以，他收穫的成果、取得的成就也更多、更大。

反過來，不管是公司，還是個人，陶醉於自我的優秀中，安享「太平盛世」，不思進取，不思發展，沾沾自喜，裹足不前，最終會被自己的「優秀」打敗、擊垮，由強盛變為衰敗，直至消亡。

在《聖經》故事裡，描述了巨人歌利亞與牧童大衛一戰。歌利亞是非利士營中的勇士，他身材高大，兇猛剽悍，頭戴鋼盔，身披鎧甲，他一到以色列人的軍營中叫陣，所有以色列人都膽戰心驚，唯有一個牧童大衛對其並不懼怕，並決定獨自迎戰巨人歌利亞。歌利亞見以色列人派出一個手拿牧仗和彈弓，沒有穿戴鎧甲的小孩子，很不以為然，十分藐視地對大衛說：「來吧，我將把你的肉喂給空中的鳥和山中的野獸吃。」大衛面無懼色，以同樣的話回敬歌利亞，歌利亞極其氣惱，向大衛衝來。大衛手舉彈弓向歌利亞射去，石子正好打中歌利亞的額頭，直接打進他的顱內，強悍的歌利亞當場斃命……

非利士人見他們的英雄死了，嚇得魂飛魄散，轉身就逃，以色列軍隊乘勝追擊，大敗非利士人。

無論是強者，還是弱者，都是相對的，既有實力上的相對性，也有時間上的相對性。今天看起來實力強大，威風凜凜，不可一世的強者，若掉以輕心，妄自尊大，不強化自我，超越自我，持續進步和突破，也許明天就會被另一個強者所取代，而該強者很可能是由一個以前的弱者成長壯大起來的。

強、弱之間的轉換，是在一方的自大自滿、故步自封、不求改變，而另一方不斷刷新自我、發展自我和完善自我中悄悄發生變化的。時刻警惕周遭的變化，永不停歇地快速奔跑，無論對於強者，還是弱者，都是獲取生存必修的一課。

二十世紀初，福特汽車公司生產的T型車以性能可靠，物美價廉，廣受當時的消費者喜愛。截止到一九二〇年，T型車共計賣出兩千兩百萬輛，福特公司的市場占有率從零迅速飆升至百分之五十五，成為當時汽車工業的領袖。到一九二〇年代後，情勢急劇變化，許多消費者開始富足起來，對汽車的偏好不再是：基本的交通工具和安全可靠了。他們更加追求時尚美觀、風格色彩各異、款式獨特新穎的汽車。

然而，亨利· 福特卻未能敏銳地察覺到市場這一變化，更不願相信和承認消費者的新需求，他固守T型車不改，沉迷於其間，並自大狂妄的認為，沒有誰可以撼動福特的市場地位，依舊向市場不斷推出老舊款型的黑色T型車。與此同時，通用汽車公司則開發了價格、功能、款式和色彩各異的一系列小轎車，贏得廣大消費者的青睞，並從福特的消費陣營中拉走了眾多顧客。以至於一九二〇年代後，福特公司的市場占有率由百分之五十五，暴跌至百分之十二，最終喪失了汽車工業的霸主地位。

一個公司短期的輝煌並不難，難的是保持輝煌和不敗戰績。要做到這點，就必須時刻警惕自己「我絕對不能失敗！」，時刻保持創造性張力，把「追求更好」作為公司一貫堅持的行動綱領，並將此滲透到每個員工的意識中去。

老鷹之所以能活七十多歲，成為鳥中的長壽象徵，就是因其不斷改造自我、更新自我，從而煥發活力，獲得又一次新生。反觀公司也如此，只要勇於改變，願意放下包袱，不沉迷於過去的成績，在別人否定自己之前，先否定自己；在別人打倒自己之前，先打倒自己，不斷超越和突破自我，就能保持青春，創造未來，實現從優秀到卓越的演進。

正如一位企業經營者所言：「成功，極富誘惑力的字眼，每一個人、每一個公司都在竭力追求，但每一個成功者的背後又都潛伏著失敗的危機。要想常勝不衰，只有學『不死鳥』，自我創新，再贏一次。」

有道是「好上加好是卓越，卓越上加好是超凡」。追求卓越的過程，是不斷成長、進步和超越自我的過程，是「沒有最好，只有更好」進取精神的體現。只要你總有向上的欲望，總認為自己未達到頂峰，總想刷新自己以往的紀錄，始終保持著卓越的氣質，你就能邁向卓越，保持你無可替代的強勢地位。所謂「優秀企業」，就是滿足於百分之九十九點九成功的企業，它們像曇花一現，在市場上風光了幾年便「香消玉殞」了。那些始終追求卓越的企業則不同，它們從一開始就塑造了企業的卓越氣質，把「沒有最好，只有更好」作為企業的行動綱領，並使每個員工在執行中堅持不懈地貫徹落實，以致其市場競爭力不斷提升，市場價值日益走高，企業的生命力愈益旺盛。長久以來，GE 公司一直是品質的代名詞，但到一九九〇年代，GE 的品質早已不再是世界級水準，日本公司和 Motorola 公司已走在其前列，並超越了其一大步。傑克· 威爾許（Jack Welch）清醒地認知到這一點，在一次會議上，他強調道：「透過技術改造，升級換代，我們的產品和服務越來越好，但我們不能僅限於此，我們的要求更好。好到競爭對手不能改變我們目前的競爭態勢，只有世界級水準的公司才能在激烈的競爭中生存下來。我們必須把品質提升到一個全新的水準，希望我們的品質是如此與眾不同，對客戶如此有價值，對他們的成功如此重要，以至於我們的產品是他們唯一有價值的選擇。」

為了讓公司保持無可替代的競爭優勢，一九九六年一月，傑克· 威爾許推出六標準差計畫。實施六標準差計畫前，GE 公司的標準生產流程是每百萬次操作中有三點五萬次誤差，即三點五標準差水準。

公司的目標是到二〇〇〇年成為一家符合六標準差的公司，即操作誤差每百萬次不足四次，也就是說，必須把原有的誤差率降低一萬倍。為了讓全體員工和管理者重視品質問題，傑克· 威爾許煞費苦心地說：「你們應該瘋狂地關注品質問題，對之傾注極大的熱情。你們應該竭力落實六標準差計畫，這是你們日常工作的重心所在。對品質的追求不是為了 GE 公司，而是使你的客戶更有競爭力，客戶才是真正管理工廠的人！在下個世紀，我們不會接納或保留任何不具備品質意識的人。外界認為我們在這個問題上似乎有點精神失常，這是個公正的評價，我們的確如此。」

正是這種孜孜不倦、永不歇息的努力，以及不斷追求卓越，銳意進取的精神，使GE公司成為全球最受矚目和尊敬，市場價值不停升高的公司。誠然，向標杆學習，保持卓越氣質，每個員工都像卓越公司一樣思考和行動，這樣的公司必定會成為人人推崇的卓越公司。

三、不要僅滿足於百分之九十九的成功

不要得意於百分之九十九的成功，只要你還有百分之零點一的錯誤和不足，你的成功就是不完滿、有缺陷的，隨時可能被他人替代和顛覆。就像特洛伊戰場上的阿基里斯，縱然有金鋼不破之身，卻因腳後跟上那一點小「破綻」，便使其遭致命一擊。

抱持「沒有最好，只有更好」的進取心，塑造卓越氣質，永遠把自己當新人，才能笑傲市場，保持不敗戰績。許多公司沾沾自喜於百分之九十九點九，認為品質合格率達到百分之九十九點九，就可心滿意足了；認為服務水準和客戶滿意度達到百分之九十九點九，就可高枕無憂了；認為計畫完成率達到百分之九十九點九，就可停歇止步了……難道百分之九十九點九就足夠好了？孰不知，百分之九十九點九背後隱藏

著多少痛苦與無奈。

請看以下一組統計資料：(一) 每年有十一萬四千五百雙不成對的鞋被運走；(二) 每年有十萬三千兩百六十份所得稅報表處理有誤；(三) 每年有兩萬個誤開的處方；(四) 每月有兩百五十萬本書被裝錯封面；(五) 每天有十二個新生兒被錯交到其他嬰兒父母手中；(六) 每天有兩架飛機在降落到機場時，沒有安全保障；(七) 每天有三千零五十六份報紙內容殘缺不全；(八) 每小時有一萬八千三百二十二份郵件發生投遞錯誤；(九) 有八十八萬張流通中的信用卡在磁條上保存的持卡人資訊出錯；(十) 有五百五十萬盒飲料品質不合格；(十一) 有兩百九十一例安裝心臟起搏器的手術出現失誤。

每年、每月、每日、每時，就這樣發生著許多令人恐懼、擔憂、憤怒又無奈的事。這些令人震驚的事件，都是滿足於百分之九十九點九的合格率或成功率，所種下的惡果！

對公司而言，產品合格率達到百分之九十九點九，失誤率僅為百分之零點一，品質似乎很不錯了，但對每個消費者而言，百分之零點一的失誤，卻意味著百分之百的不幸！

一家電熱水器生產廠，聲稱自己的產品品質合格率為百分之九十九點九，各項指標安全可靠，並有雙重漏電保護措施，讓消費者放心使用。一位消費者購買了該廠的電熱水器，卻不幸攤上了百分之零點一的失誤。

像往日一樣，他未關電源就開始洗澡，沒想到熱水器漏電，而漏電保護裝置又失效，他被電流擊倒，一隻胳膊當場被斷掉。按理來說，帶電使用電熱水器屬於正常操作範圍，不應出現這一故障，即便發生漏電，漏電保護裝置也會立刻斷電，以確保使用者的安全，然而，這家公司滿足於百分之九十九點九的合格率，卻給那位消費者帶來了莫大傷害。由此不禁令人擔心，是不是還會有下一個、再下一個消費者也攤上這一不幸呢？如果公司沒有重視這百分之零點一的品質失誤，未時刻謹記「我絕對不能失敗！」，不僅消費者的生命安全得不到保障，公司的生存也難以延續下去。試想一下，有誰還敢買這樣的「危險品」？無人買單，公司無以為繼，自然無法生存。

一九九〇年代以前，中國許多公司生產的產品都分為一等品、二等品、三等品，其實，所謂「二等品」、「三等品」，就是品質未達標的不合格產品，是「問題產品」，是次品！

然而，這些產品卻在市場上堂而皇之的銷售，這雖然有其歷史原因，但也說明三個問題：(一) 這些廠商對品質沒有高度重視，允許產品有缺陷，甚至認為一百件產品中有幾件次品極為正常，沒有什麼好大驚小怪的；(二) 沒有品牌意識，自然沒有品質意識，不明白「品質是公司的生命」，一個品質低劣的產品，會砸了公司的品牌，也會砸了全廠員工的飯碗；(三) 競爭強度不大，競爭形勢不夠嚴峻，有些產品處於供不應求的狀態。

由此，導致某些公司以劣質產品橫行市場，從消費者口袋裡「騙錢」的不良局面。實際上，公司的這一做法，是對消費者的極不尊重，也是對自己不負責任的表現。短期而言，公司似乎獲得了不少利潤，從長遠來看，只會損害公司的利益。因為管理者對品質意識的缺失和放鬆，必將影響員工對品質的嚴格控制和把關，他們會認為：「既然長官對品質並不關心，我們又何苦自找麻煩。」於是，草率工作、得過且過的風氣在公司蔓延，產品缺陷率越來越高。毫無疑問，隨著競爭強度的加大，質優價廉、零缺陷的產品必將驅逐有瑕疵的劣質產品，使那些不重視品質的公司獲利能力越來越低，市場信譽越來越差，最終失去生存空間。

優質高品，是客戶選擇你的第一理由，否則，客戶根本不可能向你「投懷送抱」，更不可能向你敞開「錢包」。對此，海爾公司深有體會，並有許多令人稱道的地方。海爾認為「有缺陷的產品，就是廢品」，既不應該生產出來，更不能流通到市場上害消費者。

一次，海爾公司副總裁楊綿綿在分廠檢查工作，在一台冰箱的抽屜裡發現了一根髮絲。她立即召開相關人員會議，有的人私下議論說一根髮絲不會影響冰箱品質，拿掉就好了，何必小題大作呢？楊綿綿卻斬釘截鐵地告訴在場的幹部、員工，「抓品質就是要連一根髮絲也不放過！」

又有一次，一名洗衣機工廠的員工在進行清掃時，發現多了一顆螺絲釘。員工們意識到，這裡多了一顆螺絲釘，就有可能哪一台洗衣機少裝了一顆，這關係到產品品質和公司信譽。為此，工作室員工下班後主動留下，複檢當天生產的一千多台洗衣機，用了兩個多小時，終於查出原因——發貨時多放了一顆螺絲釘。

對品質的追求幾近偏執狂的做法，產品怎麼可能不優質、不可靠？而公司上下每個人，包括管理者和員工同樣對品質一絲不苟，視缺陷為廢品的態度，產品怎麼可能不好上加好，贏得顧客的廣泛信任和喜愛，使公司走向輝煌呢？

在客戶服務中有一個公式：百分之九十九點九的努力＋百分之零點一的失誤＝百分之零的滿意度，這說明：你縱然付出了百分之九十九點九的努力去服務客戶，去贏得客戶的滿意，但只要有百分之零點一的失誤、瑕疵和不周，就會令客戶產生不滿，對你的印象大打折扣。

如果這百分之零點一的失誤，正是客戶極為關注和重視的方面，或給客戶帶來的損失及傷害巨大，就會使你前功盡棄，以往所有的努力付之東流，客戶將徹底與你決裂，棄你而去。

有這樣一個案例：每個節慶日，一位採購人員都會收到有業務往來的另一家公司的賀信，每張賀信上都附有該公司的總裁簽名。有一次，他遇到產品上的一個技術性的問題，打電話向那家公司的技術人員諮詢，結果電話轉來轉去，最後總算轉到一位技術人員那裡，但這位技術員既不熱情，也無耐心，讓他上公司的網站去查看。就這樣，他的問題還未解答，技術人員就匆匆掛斷了電話。這人極其憤怒，打電話請求櫃台小姐，幫他把電話轉給那位在賀信上簽名的公司總裁。櫃台小姐卻說老闆很忙，無法接聽電話，這令他更加生氣。於是，他透過以前收賀信的郵件地址，給這位總裁發了一封信，隔了幾天不見回音，又發了一遍，還是不見回信，他再發了一遍，依然是石沉大海。此時，他已由憤怒、懊惱到十分沮喪。沒過多久，這位採購人員便將全部的業務轉給那家公司的競爭對手了。雖然那家公司以往都做得很好，關懷客戶方面似乎也做得不錯，但它僅是從自身利益和角度考慮問題，並未確實關心客戶的需要。當客戶請求說明時，工作人員卻態度生硬，推三阻四，未真心實意替客戶排憂解難。結果，服務上的這一紕漏，斷送了自己的生意。

美國海軍陸戰隊的隊員都知道，在戰場上根本不允許有任何失誤，即使是百分之零點一的失誤，也可能成為敵人向你攻擊的目標，還可能是致你於死命的一個缺口，為了保全自己和其他戰友的生命，贏得戰爭的最後勝利，每個隊員都必須時刻謹記「我絕對不能失敗！」，盡一切可能避免和防範任何錯誤發生。

市場競爭也如此，假若你在品質上有百分之零點一的紕漏，競爭對手就會藉此打擊你的軟肋，推出零缺陷產品，大搖大擺的從你身邊拉走客戶；假若你在服務上有百分之零點一的疏忽，競爭對手又會推出「百分之百」優質服務，誘使你的客戶向其倒戈，以瓜分市場，提升其市場地位；假若你在市場上有百分之零點一的缺口，競爭對手即可乘你不備，從側翼偷襲你，搶占你的前哨，攻擊你的後方，最終一舉摧毀你。在體育比賽中，百分之零點一的失誤，會斷送你的冠軍夢，而成就對手的勝利。只有百分之百的正確無誤，才能確保你在比賽中穩操勝券，贏得獎杯。

無論是公司還是個人，只滿足於百分之九十九點九的成功和優秀，是驕傲自滿，不思進取的表現，只能在原地踏步，不可能有大的作為和發展，更不幸的是，當競爭結構發生變化時，他很可能是第一個被市場拋棄，淘汰出局者。其實，做到零缺陷、零失誤並不難，只要每個員工時刻牢記「我絕對不能失敗！」，保持高度的責任心和敬業精神，把永遠不向消費者提供劣質的產品和服務，作為公司的道德底線，並將優秀的產品是優秀的人做出來的，誰生產了不合格產品，誰就是不合格的員工，這一思想深植於員工心中，用待人的準則做事，用做事的結果看人，就能贏得客戶的滿意和回報，創造出公司強大的競爭力。

四、永遠把自己當作新人看待

永遠把自己當新人看待，是成功者必備的素養，是追求進步、追求發展、追求卓越的動力，是公司保持市場競爭力和可持續發展的先決條件。

「永遠把自己當新人」具有以下四大特徵：

（一）有強烈的好奇心，對一切事物都有濃厚的興趣，不拒絕任何新思想、新方法、新知識和新變化，並以科學專業的精神去認真對待新事物，這是所有發明、創新不可或缺的特質。

霍華・休斯（Howard Hughes）總是把自己當成一個剛入行的新手，對任何事都充滿了強烈的好奇心，並集中注意力，全身心地投入於每一項工作。休斯獨自製作電影，從劇本寫作到導演影片，再到設計和剪輯，他不停地變換角色和頭銜。

他對工作的熱愛近乎瘋狂，經常連著工作二十四個小時，甚至三十六個小時，他就像一個不知疲倦的鐵人，在半夜可以像早晨九點或下午兩點那樣拚命工作。休斯與其他成功人士一樣，對工作濃厚的興趣和愛好，推動其不斷學習和探索，他不受任何規則的約束，更不會止步於已有的成績，他總是在不斷創新和突破中，發現成功的機會和路徑，直至獲得巨大的成功。美國內華達州的麥迪遜高中在入學考試時出了一個題目：比爾蓋茲的辦公桌上有五把帶鎖的抽屜，分別貼著「財富、興趣、幸福、榮譽、成功」五個標籤。蓋茲總是只帶一把鑰匙，而將其他的四把鎖在抽屜裡，請問蓋茲帶的是哪一把鑰匙？其他鑰匙他又如何處置的？

學生一看這道題就傻住了，不知如何作答。有的學生隻字未答；有的學生則寫道：「蓋茲帶的是財富抽屜上的鑰匙，其他的鑰匙都鎖在這只抽屜裡。」考試結束，老師告訴學生：「那是一道智慧測試題，內容不在書本上，也沒有標準答案，每個人都可根據自己的理解，自由回答，但老師可以根據他的觀點給一個分數。」

同學們到底給出了多少種答案，我們不得而知。但是，據說有一位聰明的同學登上了美國麥迪遜高中的網頁，他在該網頁上貼出了比爾蓋茲給該校的回函。函件上寫著這麼一句話：「在你最感興趣的事物上，隱藏著你人生的祕密。」這便是所有成功者之所以成功的公開祕密！

（二）以「空杯的心態」向他人學習，一家公司最終可維持的競爭優勢是它的學習能力，以及學以致用的能力。善於學習的組織擁有一項優勢：學習會化為行動，而行動則會促進生產力。透過學習，取他人之長，補己之短，使自己在學習和實踐中不斷成長和進步。

亨利· 福特一開始製造小轎車時，就優於其他競爭對手。那些競爭者完全忽略了汽車的重量，甚至認為汽車越重，價錢越高。福特不同意此觀點，著手設計輕巧而速度更快的轎車——A 型轎車。該車投入市場後，僅一年，福特汽車公司就售出了一千七百零八輛汽車。

福特並不滿足於現狀，總是告誡自己：「為什麼不能做得更好呢？」一次賽車比賽中，一輛法國賽車以極快的速度向前奔馳，遠遠超過其他賽車，但在一個急轉彎處，由於賽車手控車不穩，賽車突然衝出車道，連翻了幾圈，毀壞得極為嚴重。賽後，福特想搞清楚這輛車為何會跑得如此快，他沿著比賽的車道收集了那輛車殘留的許多金屬碎片，還拾到一根電子管，它似乎很輕，韌性很好，這不是通常人們所見的材料。經分析檢驗，這種材料是釩鋼。

於是，福特與俄亥俄州的一家小工廠合作，找到了在美國鑄造釩鋼的方法，又大大減輕了汽車重量，並把那些步步緊逼的競爭對手甩得老遠。很可惜的是，福特未將這種對新知識的敏感和探索持續下去，固守 T 型車不變，最終使其喪失了原有的競爭優勢和領先地位。

不斷學習是傑克・威爾許管理哲學的支柱之一，他強調：不要狂妄自大，不要以為你什麼都知道，其實你總能從他人那裡學到東西，譬如：你的同事、你的同行或非同行，以及你的競爭對手。尤其要向你的競爭對手學習！

GE 公司極為推崇「學習文化」，其核心是：學習並迅速把學到的東西付諸實踐的能力，才是公司的最大競爭優勢。為此，他們在全世界各地尋找好的點子，並對好點子有發自內心的、永不知足的渴望，他們不斷提高標準，並透過與他人交流來達到這點。

為了得到好的點子，GE 公司定期把不同部門的經理召集起來，大家暢所欲言，共同分享點子和經驗，並確保他們的點子都到實施。他們還透過獎勵分享點子的員工，來鼓勵員工多出點子、多想辦法，以推動公司發展。

企業管理者清楚：「一個好點子並不能獲得獎賞，只有與大家共同分享，才能獲得獎賞。」正是這種永不知足的學習力，使 GE 這樣一個戰績卓越，有著輝煌歷史，如大象般龐大軀體的公司，卻有永不枯竭的生命力和旺盛的活力。

(三) 突破組織慣性，不循規蹈矩和墨守陳規，也不拘泥於現狀，敢於打破一切常規和條條框框，思想敏捷，行動果敢，喜歡改變和創新，喜歡突破和超越。

滋生組織慣性有兩方面原因：一是，被過去成功經驗所累；二是，被以往失敗教訓所困。無論掉進哪種慣性的惡性循環，對公司的破壞性都是潛在而危險的。員工會在組織慣性中生成惰性，故步自封，不求改變和進步；公司則會缺失對環境的敏感度、洞察力和應變力，像個老人一樣行動遲緩，猶豫不決，活力大減，嚴重桎梏公司的成長。

在全球市場的殘酷競爭中，公司規模大小不再是決定性因素，大公司必須學習小公司的精神 —— 靈活、高效、敏捷和活力。不要讓大公司的特點支配你，不要在成長的道路上迷失了你的心靈，不要沾沾自喜過去的輝煌。

記住：成績永遠屬於過去，永遠只是你向上攀登的起點，而不是讓你坐享其成、高枕無憂的資本，否則，市場一定會給你一個不小的教訓！

為了擺脫組織慣性，清除大公司中的官僚作風，使 GE 公司更具靈活性和發展的張力，傑克・威爾許告誡全體員工：「小公司的行動更迅速，它們知道市場會懲罰猶豫不決的人。我們要在 GE 龐大的身軀裡，裝上小公司的靈魂，擁有小公司的速度。」

傑克・威爾許還把 GE 與街角的雜貨店相比較，以激勵所有管理者及每個員工，多瞭解市場的變化和客戶的需求。他說：「瞭解客戶喜歡什麼、不喜歡什麼極為重要，因為客戶滿意與否直接決定了小公司在明天是成為大公司，還是關門大吉。」

美國惠而浦公司在打破常規，尋找創新之路上也有許多可圈可點之處。

過去的洗碗機在工作時噪音都很大，震耳欲聾，甚至有人誇張地形容「足以把死人吵醒」。以至於人們在使用洗碗機時，不得不安排好時間，譬如，在他們到庭院拾弄花草，遠離噪音時才使用它。此現象似乎成為這種產品的特質，或稱為消費者無奈接受的一種慣例，然而，這種慣例卻無法讓消費者滿意，並在很大程度上影響了該產品的銷售。

惠而浦公司敏感地捕捉到消費者這潛在不滿，突破行業慣有的思考定勢，透過創新，獨闢蹊徑生產出「安靜的夥伴」牌洗碗機，從而贏得了消費者青睞，並與其他競爭對手拉開了距離。把自己永遠當新人，就是要突破組織慣性，啟動惰性化公司，使其生機盎然。

為此，管理者必須改變心態模式，以一種開放、積極的心態去思考，以創新手段革新員工的價值觀，激發員工的積極性和創造性，啟動員工的智力資源。同時，要求員工始終以謙卑的態度來對待市場和客戶，像個新手一樣，一如既往，充滿熱情地投入於工作，不斷向自己提出更高要求，不斷給自己設定更高目標，當目標達成後，不是止步不前，而是又設定一個新的更高目標，並堅持不懈地去實現目標。只有永不停息地刷新自我，向上攀登，才能將公司推上一個新的高度 —— 卓越公司的高度！

（四）有吃苦耐勞、敢於冒險的精神和銳意進取的奮力搏鬥精神，有闖勁和衝力，勇於奮鬥，還有火一般的工作熱情和蓬勃向上的活力。

永不枯竭的學習力、創新力，以及勇於奮鬥的作風，使微軟公司由一個名不見經傳的弱小公司，迅速演變為軟體行業的技術領跑者，並成就其全球軟體業無可比敵的霸業。一九八〇年代，美國蓮花公司在「Lotus 1-2-3」研發的基礎上，乘勢為蘋果電腦公司的麥金塔電腦開發軟體，命名為 Lotus Jazz。比爾蓋茲透徹分析和比較「Lotus 1-2-3」的優劣後，提出了一個大膽的決定 —— 超越蓮花公司，儘快推出世界上最高速試算表軟體，並給該軟體取名為「超越（EXcel）」，足見其雄霸市場之心。

在整個設計過程中，蓋茲緊盯蓮花的開發進展，唯恐落後於人，並一再加快研發 EXcel 的步伐，決心搶在 Lotus Jazz 上市之前，吹響 EXcel 的號角。令人興奮的是，在全體員工共同努力下，EXcel 軟體比 Lotus Jazz 整整提前五個星期問世。而這關鍵的五個星期，決定了兩個產品完全不同的命運。

到了一九八七年，微軟的 EXcel 以百分之八十九比百分之八十六的懸殊比分，將 Lotus Jazz 遠遠甩在身後，大大擊敗了蓮花公司。就這樣，微軟馬不停蹄地急速快跑，超越了一個又一個競爭對手，跑在了市場的最前頭。

但它似乎並不滿足於現狀，沒有停歇止步的跡象，又以自己為假想敵，不斷挑戰和超越自我，以持續保持不敗戰績。微軟之所以不知疲倦的快速奔跑，或許是因為每個微軟員工頭頂懸著一把達摩克利斯之劍 —— 微軟離倒閉只差十八個月！

如此強盛的公司都有這樣的憂慮，何況一些成長中的弱小公司和日益疲軟的大公司？如果它們不能保持創業心態，讓每個員工擺脫組織慣性，在危機中前進，恐怕它們離倒閉不是十八個月，而是十二個月、六個月、三個月……

很難想像，一個總喜歡倚老賣老，誇耀自己的成功歷史，沉迷於昨日輝煌，一味恪守前人的經驗，不敢突破和創新，懼怕和厭惡改變，被組織慣性束縛的公司，它的成功能維持多久？它的成就又會有多大？

而一個故步自封，養尊處優，安於現狀，不思進取的員工，又能在個人事業上有多大突破和發展？又能為公司創造多少財富和價值？

美國一位成功企業家曾說：「成功企業的員工，心中總是想著：怎樣改變才會比現在更好？而失敗企業的員工；卻總是想著：怎樣去保持現狀，才不至於沒有飯吃？」這或許揭示了以下問題：為何有些公司總是獲勝，而有些公司總是吃敗仗？為何有些公司總能保持不敗戰績，而有些公司則起伏不定？為何有些公司長盛不衰，而有些公司只能風光一時？為何有些公司能保持卓越品質，而有些公司只能在優秀與平庸中徘徊？

一家公司為了激起員工的鬥志，想出了一個奇招：每天下班前舉行一次健身活動——集體爬樓梯。從一層爬到二十八層，對每天枯坐在辦公室裡的員工來說頗為刺激，最耐人尋味的是，幾乎每一層樓梯轉角處都貼有製作精美的警句：

一層：不勞無獲（全員共勉）；

二層：人生就像爬樓梯，告訴自己：加把勁，一直向上行。

（員工閱讀）

三層：行動創造機會。（全員共勉）

四層：興趣是成功之母，快樂工作，才能保證做好它。（員工閱讀）

七層：想大才能做大，你的志向決定你成就事業的大小。（全員共勉）

八層：最好的學習方式，不是在一旁觀看，而是親自去做。（全員共勉）

十層：沒有人願意偷懶，只不過他們缺乏誘人的目標，激發他們的幹勁，是我們的責任。（管理層閱讀）

十一層：一生中難免有幾件你不想做，卻不能不做的事。當你不夠主動時，外力是一種最可行、最有效的作用力。因為受益的是你自己，所以我們不怕你抱怨。（員工閱讀）

十三層：人生有兩種痛苦，一種是努力的痛苦，一種是後悔的痛苦，但後者卻大於前者千百倍。（全員共勉）

十四層：今天吆喝昨天的產品，明天公司就關門。（管理層閱讀）

十六層：每登一階台階，壽命延長七秒。（全員共勉

十九層：我們今天最大的挑戰是什麼？抵抗成功中的反作用力，抗擊勝利帶來的陶醉感，治癒站穩腳跟後讓我們喪失鬥志的「癌症」。（管理層閱讀）

二十一層：如果向上，你很快就會嘗到成功的快樂；如果消沉，你將離成功越來越遠。（全員共勉）

二十二層：信心成就未來！（全員共勉）

二十三層：市場的盛宴是為勇者準備的！（員工閱讀）

二十四層：自己是最大的敵人，戰勝自我，你將獲得新生和希望。（全員共勉）

二十六層：當你感到難以堅持時，告訴自己成功還差兩步。（員工閱讀）

二十七層：只要把最初那點微不足道的「堅持」保留到底，任何人都會獲得奇蹟。（全員共勉）

二十八層：原來，成功如此簡單！（全員共用）

人生就像爬樓梯，每一層樓梯、每一個轉彎處，都會給腳步一種向上的力量，給虛妄一種明智的警醒，給困境一種希望的昭示。只要我們腳步不停歇，一路向上攀登，就一定可以到達我們夢想的終點！一個鮮花盛開的地方！只要我們時刻謹記「我絕對不能失敗！」，認真把握每一次，認真做好當下每一件工作，就能使每次出手成為精彩，並使你保持不敗戰績！不要彷徨、不要遲疑，按照成就完美事業的行動基準，即刻行動吧！

五、培養自我管理的能力

把工作當成自己的事業，我們就不會因為出現拖延的問題去為自己找藉口，推卸責任，而會去主動解決問題，我們的業績也會隨著問題的解決而得到提升。這樣，我們的人生前景就會逐步光明。

埃克森美孚公司的全球化戰略，要求每一個員工都要有足夠的自我管理能力和良好的與同事協調的能力，這就是他們宣導的「和攏式」管理之義。

「和攏式」管理強調個人和整體的良好配合，創造整體和個體的高度和諧。具體特點是：

（一）既有整體性，又有個體性。每個員工都對公司懷有高度的使命感。

（二）自我組織性。放手讓下屬做決策，自己管理自己。

（三）波動性。現代管理必須實行靈活的經營戰略，以求在波動中進步和革新。

（四）「相輔相成」性。要促使不同的看法、做法相互補充交流，使一種情況下的缺點變成另一種情況下的優點。

（五）個體分散與整體協調性。在一個組織中，公司、小組、個人都是整體中的個體，個體都有分散性、獨創性，透過協調形成整體的形象。

（六）韻律性。公司與個人之間達成一種融洽和諧、充滿活力的氣氛，激發人們的自豪感。

正是這「和攏式」管理的迅速推行，埃克森美孚公司的員工普遍開始更加關注如何培養自己的「管理特質」，如何在自我管理中做好與公司共有的事業，取得了很好的效果。

與這家公司的員工一樣，如果我們在自己從事的職業中，能夠將自己的職業當成自己的事業，那麼，我們將會為自己的領袖特質的培養打下良好基礎。

在任何一個團體之中，小到幾個人組成的辦公室，大到一個集團，總有某一個人充當著核心的角色，具有說服他人、領導他人的能力，他的言行能夠被大家認可，並指引著公司的某一些決策和行動。我們可以把這種人所具備的人格魅力稱為管理特質（管理特質也可以被認為是人格魅力的一部分）。具有這種管理特質的人，並不一定是高層的管理者。

在很多知名公司裡，他們的員工不僅要做好自己手中的工作，還要參與公司的管理。而他們的管理特質，來自於對工作的責任心。這種責任心具體表現出以下幾個特徵：

（一）誠實守信。「誠實」不是「老實」，更不是「無能」，要知道欺騙帶來的，只是對自己事業前途的阻礙。在商業行為中，一個不講信用的人，連人格都讓人產生懷疑，怎麼可能在他人心裡樹立良好形象呢？

（二）聽取不同的意見。「說」比「聽」更能展現自我，但「說」還有一個能否被團體所接受的問題。有一些人在大家說的時候，總是默默聆聽著，最後才說出自己的意見，每每取得令人信服的效果。這是因為，「聽」首先是對他人的一種尊重，同時也可以幫助自己瞭解別人的思想，瞭解別人的需求，瞭解自己和別人的差異，知道自己的長處和不足。當掌握了一切資訊以後，我們所提出的意見就會站在一個新的起點上，站在團體的角度上。所以，在某種時候，最後發言的見解也就更深入，更準確。

（三）重視身邊的每一個人。要讓別人重視你，樹立起你的權威形象，你就必須要學會重視別人。也許對你來說，要記住每一張新面孔實在不容易，而再次與一個人見面卻想不起這個人的名字，其實就是對這個人的一種忽視和不尊重。心理學家發現，當許多人坐在一起討論某個問題，如果你在發言中提到了多個同事的名字以及他們說過的話，那麼，被提到的那幾個同事就會對你的發言更重視一些，也更容易接受一些。

（四）統籌考慮，全盤規劃。一個人待人處世，如果事事都只從自己的利益出發，那就不可能得到團體的認可，也更談不上樹立自己在他人心目中的良好形象了。從大局考慮，學會設身處地為他人著想，你就可以得到大家的信任。

（五）果斷表達觀點。對工作所涉及的領域心裡有底，表達態度要堅決。面對問題，明明有自己的見解，卻思前想後，猶猶豫豫，等到其他同事提出時才懊悔不已，一次一次的錯過，我們就會失去表現的機會；平時說話總是模棱兩可，明明是一個正確的意見，卻讓他人產生模糊的感覺，這也會讓他人對我們的正確意見產生懷疑。所以，當我們考慮好了，我們就應該果斷地提出自己的意見。

六、讓自己在競爭中不斷成長

美國海軍陸戰隊的所有政策都是為了一個目的：隨時備戰，為獲勝做好一切準備。海軍陸戰隊的所有士官和軍官，不論在工作上有多勝任，表現有多優秀，立過多少戰功，都無一例外必須通過每半年一次的體能測驗，未能通過測驗者，將經歷嚴格的重新考評，如果仍未過關，其資歷發展很可能畫上一個句號。

因此，無論是剛入伍的新兵，還是久經沙場、功勳輝煌的軍官，都不敢停滯懈怠，放鬆對自己的要求，或沈迷於過去的豐功偉業，過舒心安穩日子，其實在這裡根本沒有安逸日子。每個人都必須打起十二分精神，時刻保持一級戰備狀態，並以新人的姿態來訓練和約束自己。正是這種高度的生活壓力，才創造出海軍陸戰隊傳奇般的經歷。

每次挪威漁民出海捕撈沙丁魚，抵港後發現，許多沙丁魚早已死了。由於死魚賣不出好價錢，漁民們千方百計想讓魚活蹦亂跳地返港，但種種努力均告失敗。只有一艘船總能帶著活魚回來，這是什麼緣故呢？原來，這艘船上的漁民捕了沙丁魚後，每次都要在魚槽裡放一條大鯰魚。鯰魚進入魚槽，總是四處游動，到處挑起摩擦，沙丁魚發現多了一個「異己分子」，自然會緊張起來，加速游動「對抗」鯰魚。如此一來，沙丁魚在拚命游動中保持了旺盛的生命力。

這就是公司推崇的「鯰魚效應」。其實一個公司也是如此，如果員工長期處於平穩無波瀾的環境中，就會失去生命活力和前進的動力，容易養成惰性，缺乏競爭力。只有有壓力、有競爭、有生存威脅，員工才會有緊迫感和進取心，才會像與鯰魚爭鋒的沙丁魚那樣鮮活起來。

毫無疑問，競爭是公司生存的最大武器，是公司發展的動力與源泉，是促進員工奮鬥向上的絕對因素。如果公司沒有競爭與淘汰機制，一味使用齊頭並進的管理方式，小仁小義的結果只會姑息怠惰，使員工養尊處優、張狂自大，耽誤公司的「進化」，使公司在競爭環境中悲壯出局。

Intel 公司意識到已有的輝煌都是暫時的，稍有懈怠和停頓，公司就會一潰千里，被其他對手乘虛而入，吞噬殆盡。必須持續保持公司的競爭熱情，鼓勵內外競爭，並讓每個員工感受並加入到競爭的行列中，才能確保公司的競爭地位不被他人顛覆。美國海軍陸戰隊「不進則退」的軍旅文化，在 Intel 公司表現的淋漓盡致。

公司每年進行一次員工評估，凡是做同樣工作、同等級別的員工，無論身在何處，都參照同樣的評估標準，放在一個組裡，一起進行評估。從中找出工作表現最好、績效水準最高的員工，進入人才「快車道」，給他們提供在其職業道路上所需的更多培訓，讓他們快速成長起來。Intel 人才評估標準遵循六個價值觀：(一) 以結果為導向；(二) 具有冒險精神；(三) 良好的工作環境；(四) 特質；(五) 以客戶為導向；(六) 紀律。評估結果則分為三類：一類，超優；二類，優秀；三類，需要提高。

同時，公司還有一個員工速度的評定。公司要求每個員工每年都有進步，每年都有提高，每年都對公司有所貢獻，並對表現尚佳的員工給予積極的表揚和獎勵，旨在營造人人奮發向上，不斷追求卓越的創新氛圍，激發每個員工的旺盛鬥志和工作熱情，以消除大公司中自滿和怠惰的壞毛病。

海爾公司總裁張瑞敏也清醒地認識到：如果員工進入

公司後，一帆風順，容易產生麻痺鬆懈、驕傲自滿的情緒，認為天下太平了，什麼事都很簡單。當這種情緒彙聚起來，形成一種風氣，一旦遇上風浪，那是極其危險的。由此，他制定了海爾的生存理念：永遠戰戰兢兢，永遠如履薄冰，以打破現有平和和安逸，使每個員工保持清醒頭腦，增強危機感，確保海爾大船高速、安全的遠航。

海爾公司打破了「沒有功勞也有苦勞」之說，推行「人人是人才，賽馬不相馬」的人才競爭機制，並在賽馬中，嚴格遵循「優勝劣汰」的鐵律。即將員工分為三類：試用員工、合格員工、優秀員工，透過科學的賽馬規則，進行嚴格的工作績效考核，使所有員工在競爭中升遷、降級、取勝、淘汰。在這裡，沒有身分貴賤、年齡大小、資歷長短，只有技能、活力、創新精神和奉獻精神，充分體現了「能者上，庸者下，平者讓」的用人哲學，使每個員工在實現集體大目標的過程中，都能找到一個發揮自我才能的位置。

所有職位都可參賽，職位是擂台，人人可升遷。競賽中，勝出者，試用工可轉為合格員工乃至優秀員工；未勝出者，優秀員工會降級為合格員工或試用員工。如此一來，人人都有危機感和緊迫感，任何人都不能滿足於現有的成績，更不能自我鬆懈，都必須有進取心，不斷刷新自己的紀錄，從一個起點向另一個更高的起點快速前進。

因為不進取，就要被他人替代或淘汰出局；不獲勝，就不能上升到一個新的、更高的職位。海爾的人才競爭機制與其宣導的「創業心態」相匹配，海爾的理念是「只有創業，沒有守業」，即把自己永遠當新人，永遠當作剛入行的新手，以創業的心態和熱情，去奮力搏鬥向上、努力奮進。

事實上，無論是可口可樂，還是迪士尼，或是以速度創新的 Intel 公司，以行業標準確立軟體霸主地位的微軟公司，還是永遠保持活力，以做小公司的心態來做大公司的 GE 公司……這些超越行業發展，市場價值大幅成長的公司，都有一個極明顯的特質：就是永遠將自己看成是一個剛進入市場的新手，總在問自己：「如果我們推倒重來會怎樣？如果我們重新開始該怎麼做？我們還能做得更好嗎？」

它們不以競爭對手為基準，而以自己為對手，不斷創新，不斷給自己設定更高目標，戰勝和超越自我，有永不停息的價值創新力！它們不安於現狀，勇於打破常規和昨天的思想定勢。正是這些不同於其他競爭對手的思考方式，使他們站在競爭圈外，快速飛奔，並創造出公司持續的輝煌。

七、工作並快樂著

在美國，工作就是一件讓人富有創造力和心情愉悅的事情。這種觀念也被全球的公司所接受。一次對全美國成功人物的調查結果說明：他們之中百分之九十四以上的人，都在做著他們最喜愛的工作。

事實正是如此，一個對於工作感到不滿的人，不管他如何努力，都絕對不會有優越的表現。同時，有許多的證據已經說明：大多數的失敗，都是由於工作的不適合所造成。

弗羅斯特博士憑藉著在埃克森美孚公司做了十年政策顧問的經驗，他總結了在這個石油王國工作的員工快樂的祕密——

（一）應許員工的期待——只要員工取得了良好的業績，公司就會留這個員工期待的合理職位給他，讓他在快樂之中為公司做出更好的業績。

我們知道，期待是一個人掌握某種事物，並經常參與該種活動的心理傾向，不同的職業需要不同的期待。人們對某種職業有所期待，就會對這種職業活動表現出肯定的態度，在工作中激發整個心理活動的積極性，開拓進取，努力工作。反之，強迫做自己不願意做的工作，對精力、才能都是一種浪費。

對於一個期待較多的人來說，選擇職業時的自由度就大一些，他們更能適應各種不同職位的工作，也可以促使人們注意和接觸多個方面的事物，為自己選擇職業創造更多的有利條件。

（二）能力匹配職業——員工的能力影響著自身的工作效率，而每一種職業都對從事者的能力有一定要求。能力匹配職業，員工才有可能把工作當成自己的事業去做，才不會找藉口推託上司所安排的事務，工作效率才會高，這樣的工作才有可能快樂。

弗羅斯特博士說過：「在人的一生中，可以沒有很高的名望，也可以沒有很多的財富，但不可以沒有工作的樂趣。要從工作中得到樂趣，首先不要讓自己變成工作的奴隸，要讓自己變成工作的主人。無止境的日夜工作正如無止境的追逐玩樂一樣不可取。工作不只是為了生存，而是為了賦予個人的生命以意義；工作也不只是為了生活，而是賦予個人的經歷以光彩。」

把自己融入良好的企業文化之中，員工就可以享受到工作的樂趣，成為公司的主人，成為了企業文化創新的主體和源泉。員工享受到了工作的樂趣，就會把自己的工作當事業來做，每個人就都可以充滿責任感，公司也就不必生硬地要求員工「努力工作，絕不拖延」。

工作的樂趣，應當充滿工作過程中的每一個時刻。在職場中，大多數人都是平凡的，但大多數平凡的人都想變成不平凡的人。這並不是個壞現象。一個公司的進步，甚至整個社會上的進步，需要依靠這股力量。雖然就當事人來說，這容易產生心理上的壓力與情緒上的掙扎，但是，不論我們是否能變成一個不平凡的人，我們每一個人都應當從工作上得到樂趣。工作的樂趣不是與生俱來的，它需要工作者的自信、努力、謙虛、堅持……

而想要真正成功而且歷久不衰，另一個重要的因素是，致力於一份自己喜愛又天天期待的職業，一個挑戰自己的能力與想像力的工作。這會讓我們精神振奮的工作，一分一秒的時間都不願意浪費。

記住李·雷蒙德經常提醒下屬們的一句話吧：「我們不應該因為工作的快節奏而引起心理不適或精神障礙，而要合理安排自己的工作和生活，適時的忙裡偷閒，消除緊張狀態，善於自我解脫。」

李・雷蒙德還向埃克森美孚公司的股東表示：我們不會為了成長而成長，一切都基於我們相信自己正在為股東創造長期價值。他說：「每個人都需要耐心，需要做一次深呼吸。」

責任的重量：當責是企業菁英的態度，負責是永不過時的素養 / 蔡賢隆, 趙玉著 . -- 第一版 . -- 臺北市 : 崧燁文化事業有限公司 , 2021.07
面； 公分
POD 版
ISBN 978-986-516-646-5(平裝)
1. 職場成功法 2. 責任
494.35 110005732

責任的重量：當責是企業菁英的態度，負責是永不過時的素養

作　　者：蔡賢隆，趙玉
發 行 人：黃振庭
出 版 者：崧燁文化事業有限公司
發 行 者：崧燁文化事業有限公司
E-mail：sonbookservice@gmail.com
粉 絲 頁：https://www.facebook.com/sonbookss/
網　　址：https://sonbook.net/
地　　址：台北市中正區重慶南路一段六十一號八樓 815 室
Rm. 815, 8F., No.61, Sec. 1, Chongqing S. Rd., Zhongzheng Dist., Taipei City 100, Taiwan (R.O.C)
電　　話：(02)2370-3310　　傳　　真：(02) 2388-1990
印　　刷：京峯彩色印刷有限公司（京峰數位）

定　　價：350 元
發行日期：2021 年 07 月第一版
◎本書以 POD 印製